Norbert Klinner

HEISSLUFTMOTOREN XVI

Schöne Stirlingmotoren

Dampf-Spezial

Herausgegeben von Udo Mannek

NECKAR-VERLAG GMBH • VILLINGEN-SCHWENNINGEN

ISBN: 978-3-7883-0642-7
1. Auflage 2018

Liebe/-r Leser/-in:

Sollten nach Veröffentlichung dieses Buches Korrekturen oder Änderungen in Textstellen, Bildern oder Zeichnungen auftauchen, so werden diese unter

www.neckar-verlag.de und dem entsprechenden Buchtitel veröffentlicht.

Printed in Germany by Kössinger AG, D-84069 Schierling

Inhaltsverzeichnis

Vorwort

Bei der Betrachtung des Original-Stirlingmotors drängt sich schnell eine Reihe von Fragen auf: Was ist aus dem Stirlingprinzip geworden? Wo sind noch Stirlingmotoren in Betrieb? Gibt es noch Firmen, die Stirlingmotoren herstellen?, usw. Viele Fragen können nicht beantwortet werden, weil Experimente, Versuche und Pläne nicht veröffentlicht werden. Man weiß lediglich, dass auch eine Reihe bekannter Firmen intensiv an der Entwicklung gearbeitet haben. Es sind hochinteressante Maschinen entstanden mit Wasserstoff oder auch mit Helium aufgeladenen Systemen, die aber zum Teil wieder in der Versenkung verschwunden sind.

Das hat natürlich nicht zuletzt damit zu tun, dass fossile Brennstoffe mit ihrem enormen Energiegehalt und der sehr hohen Energiedichte noch immer in unvorstellbaren Mengen zur Verfügung stehen.

Der Umgang mit diesen Energieträgern hat die Menschheit dazu gebracht, ein Immerstärker, Immerschneller und Immerbesser als selbstverständlich zu betrachten. Das beginnt im heimischen Haushalt und auf der Straße bis weit in den Luftraum hinein. Die Menschheit übt Gewalt aus auf sich und auf die Natur. Wer einmal bewusst den Start eines Großraumjets oder einen Satellitenstart miterleben durfte, wird das wissen. Ähnliche Gedanken kommen einem bei Betrachtung der Entwicklung unserer Straßenfahrzeuge mit immer mehr Leistung für immer höhere Geschwindigkeiten. Auch in der Land- und Forstwirtschaft ist dieser Trend deutlich erkennbar.

Bei diesen Verhältnissen bleibt für einen Stirlingmotor nur ein mitleidiges Lächeln ... Vereinzelt gibt es in den Entwicklungsländern Wasserpumpen, die von Stirlingmotoren angetrieben werden. Versuche, Wärmepumpen oder kleine Kraft-Wärmeanlagen für Wohnhäuser zu entwickeln, laufen ebenfalls. Zukünftig könnte der Stirlingmotor in stillgelegten Atomkraftwerken die Wärme der Abklingbecken nutzen, die für den Betrieb einer Dampfturbine nicht mehr ausreicht. Da stünden noch viele Jahrzehnte große Mengen an preiswerter Wärme zur Verfügung, mit der Stirlingmotoren beheizt werden könnten.

Aber das ist nicht alles, noch immer gibt es eine große Fangemeinde von Stirlingliebhabern, denen die Herstellung und der Betrieb kleiner Stirlingmotoren Freude macht.

An dieser Stelle sei für Uneingeweihte noch einmal das Stirlingprinzip dargestellt. Der Motor besteht aus nur vier Elementen, dem Verdrängerteil, dem Arbeitsteil, der Kurbelwelle und dem Schwungrad. (Die genaue Wirkungsweise können Sie in Band VIII Stirling-Sonderkonstruktionen nachlesen.)

Was ist das Besondere an diesem anspruchslosen Motor? Er ist in der Lage, Wärme in höherwertige Bewegungsenergie umzuwandeln. Dabei ist es ganz gleich, woher die Wärme kommt. Er arbeitet mit einem geschlossenen System, dessen Arbeitsmedien – Luft und andere Gase – ohne Austausch dauerhaft im Einsatz sind.

Nach diesem Prinzip Motoren zu bauen, bietet tausendfache Konstruktionsmöglichkeiten. (In Band XV „Der Stirlingmotor im Arbeitseinsatz" sind einige aufgeführt.) Die einen zielen auf mehr Leistung, die anderen auf einen besseren Wirkungsgrad oder nur auf ein besseres Aussehen.

Doch eines Tages kann es passieren, dass man nach jahrelangem Konstruieren, Bauen und Experimentieren erkennt, dass der Urstirling, so wie ihn sich Robert Stirling vorgestellt hat, noch immer mit „Schönheit und Eleganz" da steht ... Was aber nicht entmutigen soll, auch andere Konstruktionen in Angriff zu nehmen.

Einleitung

In diesem Band werden fünf neue Stirlingmodelle besprochen und die zum Bau notwendigen Zeichnungssätze dargestellt und erläutert.

Der erste Motor SM 31 ist ein Modell des klassischen Stirlingmotors, wie ihn sich Robert Stirling patentieren ließ. Im Gegensatz zum Urstirling, bei dem das ganze Motorgerüst aus gedrechselten Holzteilen besteht, ist dieser Motor vollständig aus Stahl gefertigt und macht deshalb einen sehr wertvollen und eleganten Eindruck. Um das gesamte Säulengerüst fertigen zu können, ist es für den normalen „Hobbymechaniker" äußerst empfehlenswert, den weiter unten gezeigten Anschlag für die Hohlspindel der Drehmaschine entsprechend der beiliegenden Zeichnungen herzustellen und zu verwenden. Bei den so hergestellten Säulen und Speichen liegen dann alle Einstiche und Ringe auf gleicher Höhe.

Der Motor SM 31 ist, wie fast alle meine Konstruktionen, für die Beheizung durch ein Teelicht ausgelegt, aber ebenso gut kann Gas oder Spiritus verwendet werden. Mit so einem Teelicht läuft der Motor stundenlang gleichmäßig vor sich hin. Es liegt in der Natur dieser Motorausführung, dass er auf Anhieb nicht als Antrieb verwendet werden kann, da ein freies Wellenende fehlt. Abhilfe wäre ein zusätzlicher Exzenterarm an der rechten oder linken Kurbel, was in Eigenregie recht einfach zu verwirklichen ist.

Im nächsten Teil folgt nun der schon oben erwähnte Drehmaschinen-Hohlspindelanschlag, den man unbedingt anfertigen sollte. Die CNC-Dreher mögen mir verzeihen, aber ohne das Ding wird es nichts ... Zeichnungen und Fotos für diesen Anschlag bilden den zweiten Teil dieses Bandes.

Im dritten Teil wird der „gläserne Stirlingmotor" SM 30 mit dem Zeichnungssatz, einer Arbeitsanleitung und einigen Fotos für den Bau vorgestellt. Dieser Motor ist überraschend kräftig und besonders für Demonstrationszwecke geeignet.

Schlitzfräsen in selbst hergestellte Schrauben behandelt der vierte Teil. Die Zeichnung zeigt eine Einspannvorrichtung für die fast fertigen Schrauben zum Einfräsen eines sauberen Schlitzes für den Schraubendreher. Entstanden ist die kleine Vorrichtung, weil ein Original-Stirlingmotor (SM 31) mit verzinkten Kreuzschlitzschrauben unmöglich aussehen würde.

Der fünfte Teil des Bandes ist dem SM 29, einem „Arbeitstier", gewidmet. Für diese schwere Ganzstahlausführung folgen hier Fotos und der Zeichnungssatz, der Motor mit Vorgelege und kleinem Schwungrad kann gut als Antrieb für kleine Geräte nach eigenen Vorstellungen eingesetzt werden.

Es folgt Teil sechs mit dem SM 32-2 und Teil sieben mit dem SM 32-1. Der SM 32-1 wurde konstruiert und gebaut, nachdem der „gläserne" SM 30 so ausgezeichnet lief. Es sollte nun ein kleinerer Motor ebenfalls ganz aus Plexiglas werden, aber ohne Vorgelegewelle und Zahnradübersetzung. Nach Fertigstellung des Motors wurde weiter experimentiert und heraus kam der SM 32-2, in dem viele Teile des SM 32-1 enthalten sind. Da der werte Leser nicht auf den SM 32-1 verzichten soll, steht am Ende dieses Bandes der SM 32-1.

Stirlingmotor
SM 31

Stirlingmotor SM 31

Technische Daten:

Arbeitskolbendurchmesser:	21 mm
Arbeitskolbenhub:	28 mm
Hubvolumen:	9,7 cm^2
Verdrängerdurchmesser:	39 mm
Verdrängerhub:	32 mm
Hubvolumen:	38 cm^2
Volumenverhältnis:	1 : 4

Dieser Motor ist als kleines „Denkmal" an Robert Stirling gedacht und sollte eigentlich in keiner Sammlung von Stirlingmotoren fehlen.

Der Mustermotor wird mit einem Teelicht beheizt, das wie bei dem Original-Stirlingmotor auf zwei Schienen mit dem Brennerhalter verschoben werden kann. Vom Original weicht nur die Höhenverstellbarkeit ab, auf die aber nicht verzichtet werden sollte, wenn mit einer Kerzenflamme beheizt wird.

Der vorliegende Motor ist vollständig aus Stahl gefertigt. Im ganzen Motor findet außer dem Verdrängerzylinder, der aus Edelstahl gefertigt ist, kein anderes Material Verwendung. Mit einem ganz normalen Teelicht läuft der Motor gleichmäßig stundenlang durch ohne zusätzliche Kühlung, da der Motor die ihm zugeführte geringe Wärmemenge leicht an die ihn umgebende Luft abgibt. Bei etwas reduzierter Flamme kann er auch sehr langsam laufen, da das Schwungrad ein hohes Schwungmoment besitzt.

Herstellung der Teile

Bei der Besprechung der Arbeitsgänge werde ich nur auf die Teile eingehen, die bei diesem Motor anspruchsvoller sind. Alle übrigen Teile wie z. B. Zylinder, Lagerböcke, Kolben und Kurbelwelle, die routinemäßig hergestellt werden, bleiben unberücksichtigt.

Etwas Geduld muss bei der Herstellung der verzierten Säulen und Speichen aufgebracht werden. Aber man sollte auf keinen Fall die Verzierungen weglassen, denn davon „lebt" das Aussehen des Motors ... Die **Verstärkungen 5.11** in den Verdrängerkolben und die Kolbenböden werden in einer Hitze eingelötet. Um bei dem Lötvorgang nicht herunterzufallen, sind sie leicht einzunieten.

Steht ein Vierbackenfutter zur Verfügung, erleichtert das die Arbeiten erheblich, wenn nicht, können die Säulen natürlich auch aus Rundmaterial gefertigt werden (was aber nicht dem Original entspricht).

Als Ausgangsmaterial für die 10 „gedrechselten" Teile wird ein blanker Vierkantstahl 10 x 10 mm verwendet. Ein entsprechender Automatenstahl wäre empfehlenswert, aber nicht unbedingt notwendig. Das Gleiche gilt für die sechs Schwungradspeichen aus Rundmaterial.

Alle zusammengehörenden Teile müssen unbedingt absolut gleich lang sein und die Verzierungseinstiche auf gleicher Höhe liegen. Um das zu ermöglichen, ist ein verstellbarer Anschlag in der Hohlspindel der Drehmaschine Voraussetzung. So einen verstellbaren Anschlag habe ich eigens zur Herstellung für diesen Motor konstruiert, die entsprechenden Zeichnungen befinden sich hier in diesem Band.

Zuerst werden alle 10 Säulen exakt nach Zeichnung auf Länge plan gedreht und an beiden Enden mit einer M4-Gewindebohrung versehen. Als Nächstes werden an **beiden** Enden die ersten drei Einstiche vorgenommen (20 mal alle gleich), siehe Zeichnung.

Dann folgen die weiteren Einstiche immer von außen der **Säule 2.1** zur Mitte hin. Da jeweils vier Säulen gleich aussehen sollen, wird wieder mit dem verstellbaren Anschlag gearbeitet, das heißt, mit der gleichen Anschlageinstellung wird an allen vier Säulen der dritte Einstich gemacht. Genauso folgen der vierte und fünfte Einstich. Das immer weiter aus dem Drehfutter herausstehende Säulenende wird mit der mitlaufenden Körnerspitze leicht gegen den verstellbaren Anschlag gedrückt.

Wenn alle Einstiche fertig sind, muss mit viel „Handgefühl" an den Kurbeln die Fasson gedreht werden. Das ist gar nicht so schwierig, wie es erst mal aussieht, denn die genauen Abstände sind ja durch die vorher eingedrehten Ringe gegeben. Kleine unvermeidliche „Stufen" werden mit Feile und Schmirgelleinen geglättet. Zum Schluss werden die Säulen mit einer schnell laufenden feinen rotierenden Drahtbürste poliert.

Für den Mustermotor habe ich präzises blankes Vierkantmaterial 10 x 10 mm verwendet, so dass auch die nicht überdrehten Teile sehr gut durch Bürsten poliert werden können.

Da man heute fast nur noch Schrauben mit Oberflächenschutz und Kreuzschlitz bekommt, sind alle Schrauben im sichtbaren Bereich des Motors selbst hergestellt.

Der **Arbeitszylinder 6.1** ist aus einem Präzisionsrohr 25 x 2 gefertigt, und der Edelstahl-**Verdrängerzylinder 5.1** ist aus einem Rohr 42 x 1,6 vom Installateur hergestellt. Aber es dürfen auch Maßabweichungen sein, wenn nur ähnliche Rohrstücke vorhanden sind.

Der **Arbeitzylinder 6.1** wird in den **Zylinderboden 6.2** mit einem Zwei-Komponenten-Kleber eingeklebt, erst dann wird die 5-mm-Bohrung für das **Verbindungsrohr 6.10** vom Zylinderboden abgebohrt. Dann werden das Verbindungsrohr, die **Anschlussplatte 6.11** und der Zylinder mit Zwei-Komponentenkleber zusammengefügt. Natürlich könnte hier auch gelötet werden, aber hier oben liegt keine thermische Belastung vor, die das rechtfertigen würde.

Wie für alle Stirlingmotoren gilt auch bei diesem Motor das oberste Gebot: Ohne Dichtheit und Leichtgängigkeit läuft nichts, je besser diese Forderung erfüllt wird, umso besser läuft der Motor.

Die kurzen **Säulen 3.1** sind mit Senkschrauben von unten mit der **Grundplatte 1** verbunden. Die 1 mm tiefe Eindrehung in der Grundplatte für den Zylinderboden hat nur die Aufgabe, die Montage zu erleichtern.

Vor der Fertigung der **Pleuelstangen 5.7** und **6.6** ist zu prüfen, welche Kugellager eingesetzt werden sollen. (Die hier verwendeten Lager mit einem Außendurchmesser von nur 8 mm waren nun mal vorhanden.)

Die **Speichen 7.3** im **Schwungrad 7.0** sind ebenfalls nur über den verstellbaren Hohlspindelanschlag exakt in gleicher Form hinzukriegen. Fehler stellen sich nämlich erst heraus, wenn die Maschine läuft und die glänzenden Ringe gut zu sehen sind. Die Speichen sind fest mit der **Nabe 7.2** (mit Hilfe der M4-Gewindestücke) verschraubt und anschließend überdreht, so dass sie im Durchmesser 0,2 mm Übermaß haben zum Einschrumpfen in die Felge.

Die Nabe hat zwei Klemmschrauben, wodurch ein schlagfreier Lauf des Schwungrades erreicht wird.

Zusammenbau

Bei dem Montieren des unteren Aufbaus ist darauf zu achten, dass die **Schienen 2.3** etwas locker in den Bohrungen liegen, also nicht mit den M4-Schrauben kollidieren. Vor der Montage des Verdrängerzylinders mit dem **Flansch 5.9** sind die oberen kurzen **Säulen 3.1** anzuschrauben, weil der Flansch zwei Schrauben verdeckt.

Für den Verdrängerzylinder und die **Führung 5.4** sind dünne geölte Papierdichtungen vorzusehen.

Die **Kurbelzapfen 4.4** sind glatte 3-mm-Stifte ohne Kopf, die von vorne einfach durch die Pleuelkugellager gesteckt werden. Der Kugellagerinnenring soll sich frei auf dem Kurbelzapfen axial bewegen können. Zum Schutz der Oberflächen vor Korrosion ist Balistol-Universalöl sehr gut geeignet.

Vor dem ersten Anheizen sind alle beweglichen Teile mit Nähmaschinenöl zu schmieren, auch die beiden Kurbelzapfen erhalten etwas Öl. Bitte lassen Sie sich nicht von Stahl-auf-Stahl-Paarungen irritieren, das läuft bestens.

Die Beheizung durch ein Teelicht macht es erforderlich, einen Windschutz vorzusehen.

Stückliste für Stirlingmotor SM 31 – Teil 1

Pos.	Stück	Benennung	Werkstoff	Maße in mm
1.0	1	Grundplatte	Stahl	70 x 6 x 135
2.1	2	Querbalken	Stahl	10 x 10 x 115
2.2	2	Verbinder	Stahl	10 x 10 x 105
2.3	2	Schiene	Stahl	Ø 4 x 106
2.4	4	Fuß	Stahl	10 x 10 x 15
2.5	1	Brennerschlitten	Stahl	Blech 1 x 60 x 90
2.6	1	Windschutz	Stahl	Blech 1 x 30 x 135
2.7	1	Stange	Stahl	Ø 3 x 40
2.8	1	Verstellhülse	Stahl	Ø 8 x 25
2.9	1	Hebel	Stahl	Ø 5 x 37
2.10	1	Blech	Stahl	Blech 1 x 40 x 50
2.11	4	Säule	Stahl	10 x 10 x155
2.12	12	Schraube	Stahl	M 4 x 15
2.13	4	Schraube	Stahl	M 4 x 12
3.0		Oberer Aufbau		
3.1	4	Säule	Stahl	10 x 10 x 75
3.2	2	Traverse	Stahl	10 x 10 x 65
3.3	4	Schraube	Stahl	M 4 x 12
3.4	4	Schraube	Stahl	M 4 x 15
3.5	2	Kurbelwellenlager	Stahl	10 x 20 x 40
3.6	2	Kugellager		Ø 5 x 13 x 3
3.7	4	Schraube	Stahl	M 3 x 12
4.0		Kurbeltrieb		
4.1	1	Kurbelwelle	Stahl	Ø 5 x 60
4.2	1	Verdrängerkurbel	Stahl	10 x 8 x 30
4.3	1	Kurbel (Arbeitskolben)	Stahl	10 x 8 x 28
4.4	2	Kurbelzapfen	Stahl	Ø 3 x 15
4.5	2	Schraube	Stahl	M 3 x 6
5.0		Verdrängerteil		
5.1	1	Verdrängerzylinder	Edelstahl	Rohr Ø 42 x 1,6 x 130
5.2	1	Zylinderboden	Edelstahl	Blech 0,5 x 50 x 50

Stückliste für Stirlingmotor SM 31 – Teil 2

Pos.	Stück	Benennung	Werkstoff	Maße in mm
5.3	2	Verdrängerkolben	Stahl	Rohr Ø 40 x 2 x 50
5.4	1	Führung	Stahl	Ø 20 x 30
5.5	1	Stange	Stahl	Ø 3 x 90
5.6	1	Gabelkopf	Stahl	Ø 10 x 20
5.7	1	Verdrängerpleuel	Stahl	5 x 15 x 50
5.8	1	Kugellager		Ø 8 x 3 x 3
5.9	1	Flansch	Stahl	Blech 1,5 x 60 x 60
5.10	6	Schraube	Stahl	M 3 x 10
5.11	3	Verstärkung	Stahl	Ø 12 x 3,5
6.1		Arbeitsteil		
6.1	1	Arbeitszylinder	Stahl	Rohr Ø 25 x 2 x 55
6.2	1	Zylinderboden	Stahl	Ø 40 x 15
6.3	3	Schrauben	Stahl	M 3 x 20
6.4	1	Arbeitskolben	Stahl	Ø 21 x 30
6.5	1	Gabelkopf	Stahl	Ø 12 x 20
6.6	1	Pleuelstange	Stahl	20 x 5 x 75
6.7	1	Kugellager		Ø 8 x 3 x 3
6.8	1	Kurbelzapfen	Stahl	Ø 3 x 15
6.9	1	Kolbenbolzen	Stahl	Ø 3 x 15
6.10	1	Verbindungsrohr	Stahl	Rohr Ø 5 x 1 x 35
6.11	1	Anschlussplatte	Stahl	10 x 20 x 25
6.12	1	Schraube	Stahl	M 3 x 10
7.0		Schwungrad		
7.1	1	Felge	Stahl	12 x 12 x 450
7.2	1	Nabe	Stahl	Ø 20 x 20
7.3	6	Speichen	Stahl	Ø 8 x 55
7.4	2	Klemmschraube	Stahl	M 3 x 10

Zeichnungen SM 31

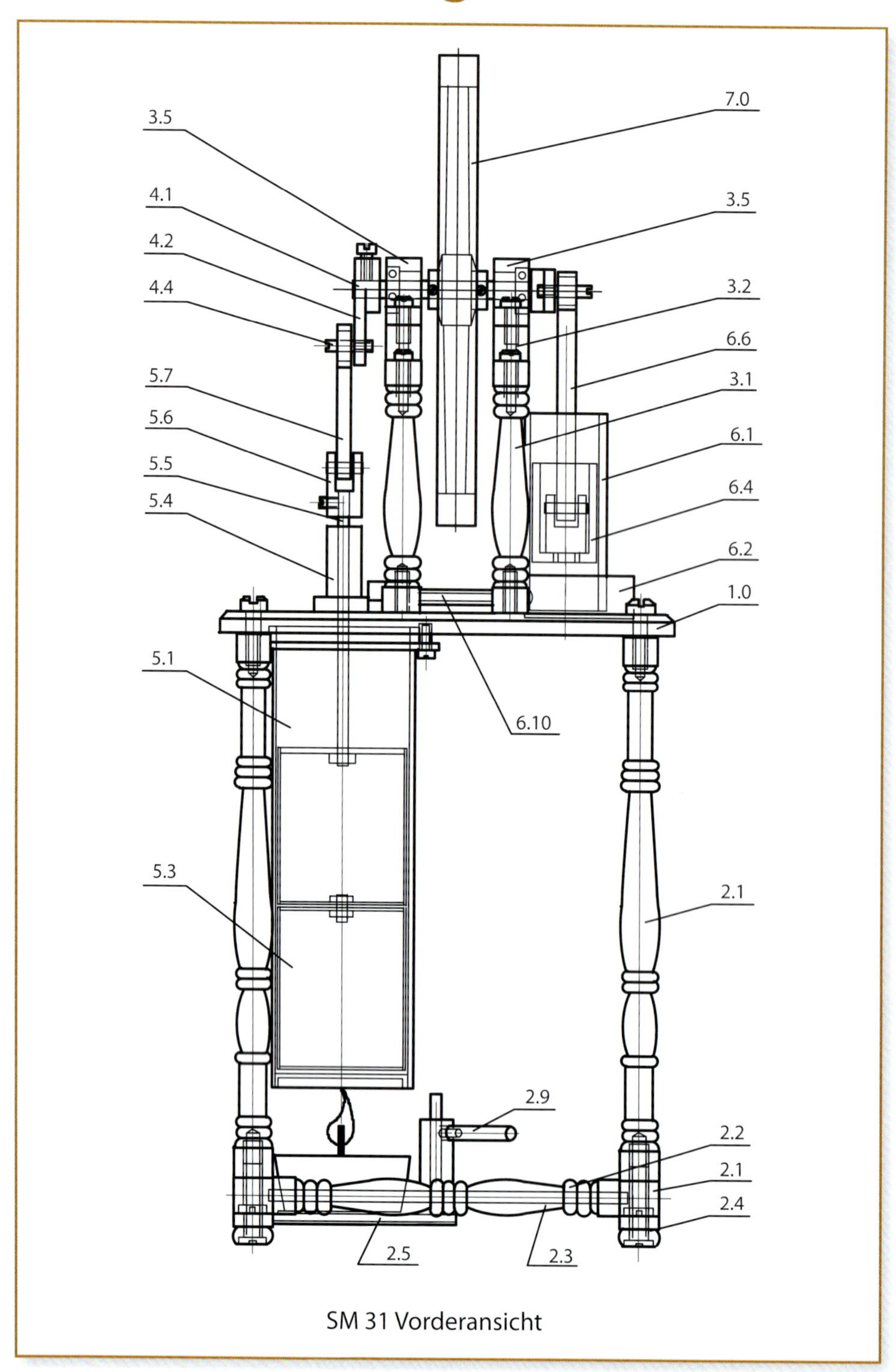

SM 31 Vorderansicht

SM 31 Seitenansicht

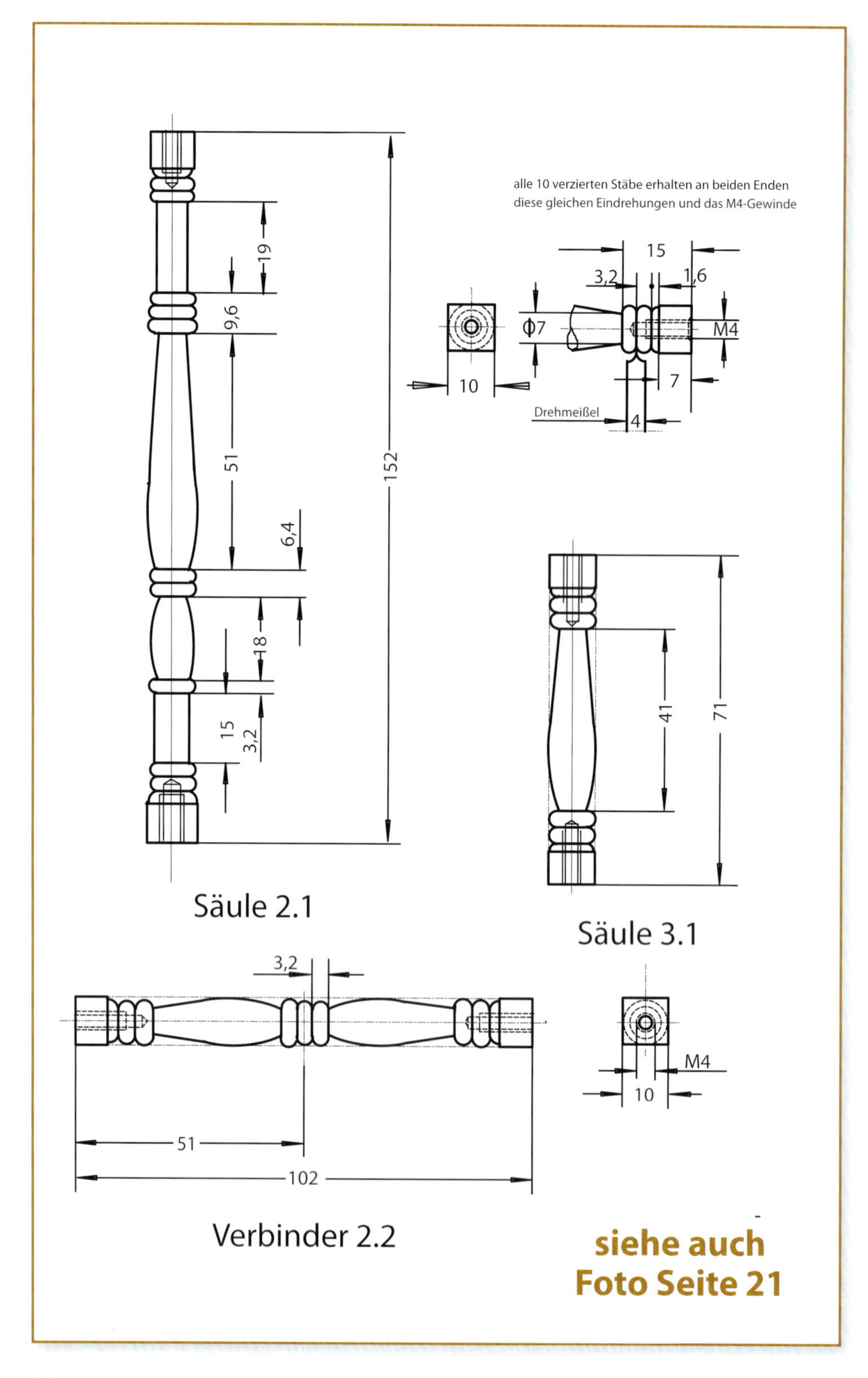

Säule 2.1

Säule 3.1

Verbinder 2.2

siehe auch Foto Seite 21

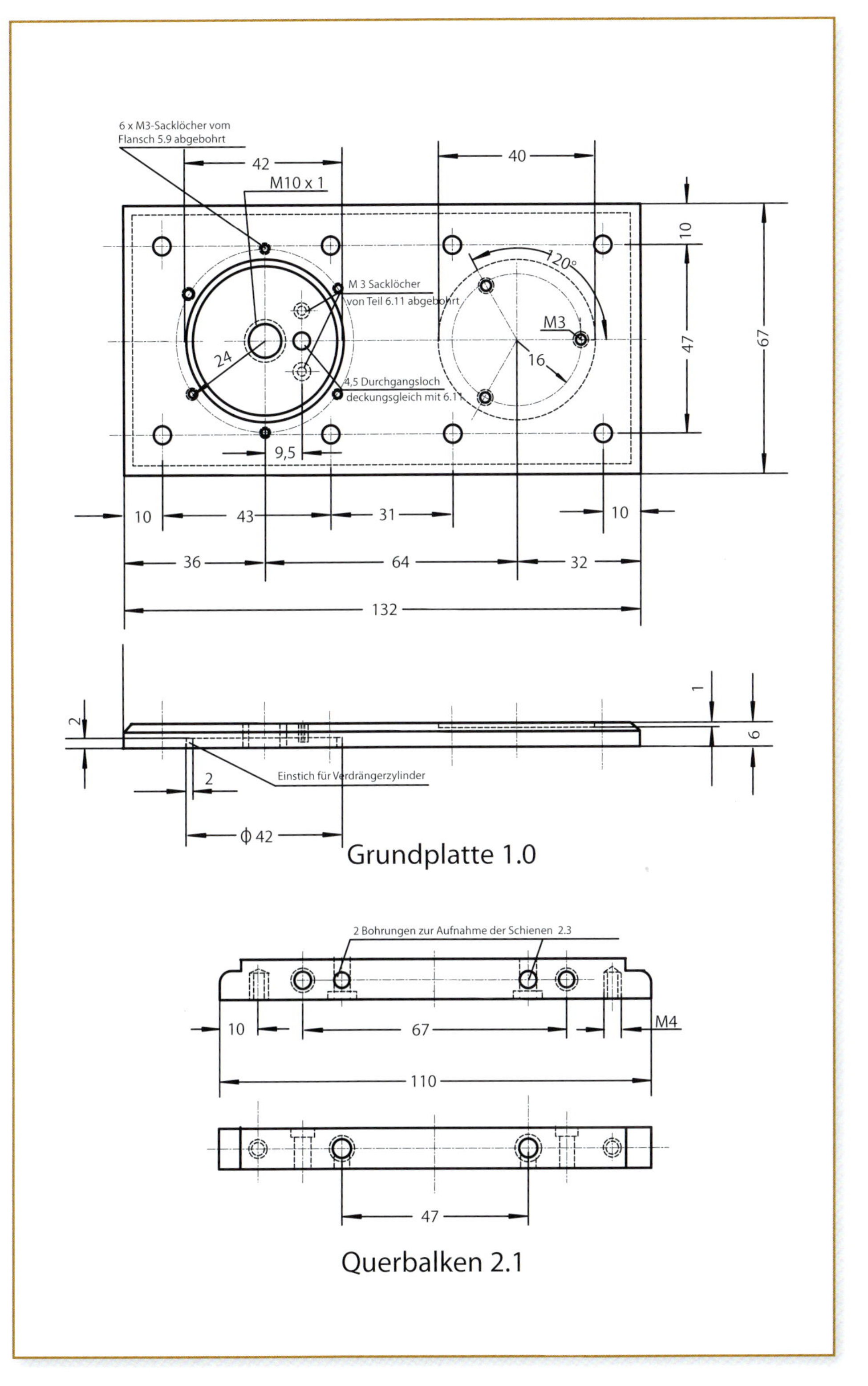

Grundplatte 1.0

Querbalken 2.1

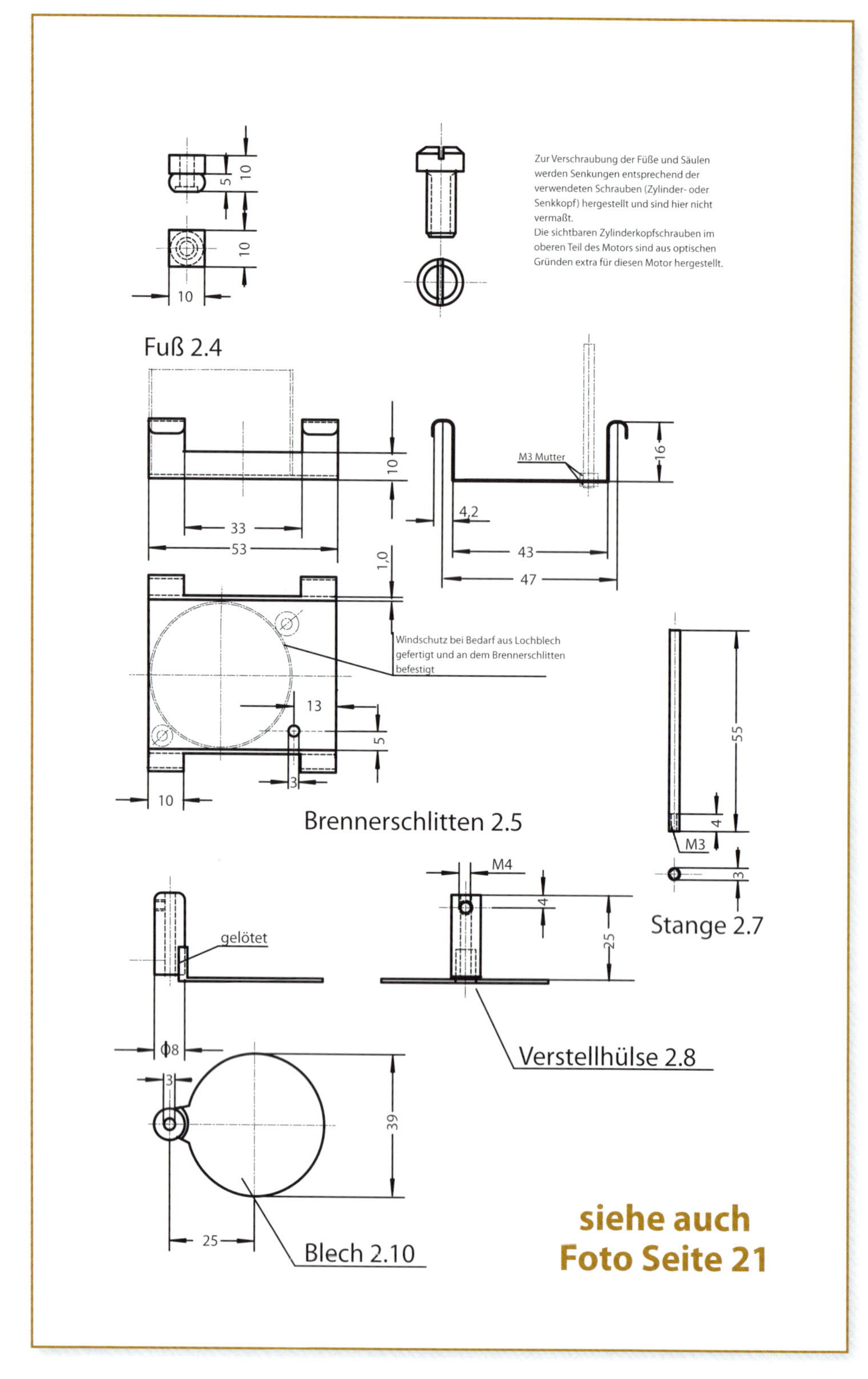

Zur Verschraubung der Füße und Säulen werden Senkungen entsprechend der verwendeten Schrauben (Zylinder- oder Senkkopf) hergestellt und sind hier nicht vermaßt.
Die sichtbaren Zylinderkopfschrauben im oberen Teil des Motors sind aus optischen Gründen extra für diesen Motor hergestellt.
Fuß 2.4
M3 Mutter
Windschutz bei Bedarf aus Lochblech gefertigt und an dem Brennerschlitten befestigt
Brennerschlitten 2.5
M3
Stange 2.7
M4
gelötet
Verstellhülse 2.8
Blech 2.10
siehe auch
Foto Seite 21

Drehen der Säulen

Motorunterteil

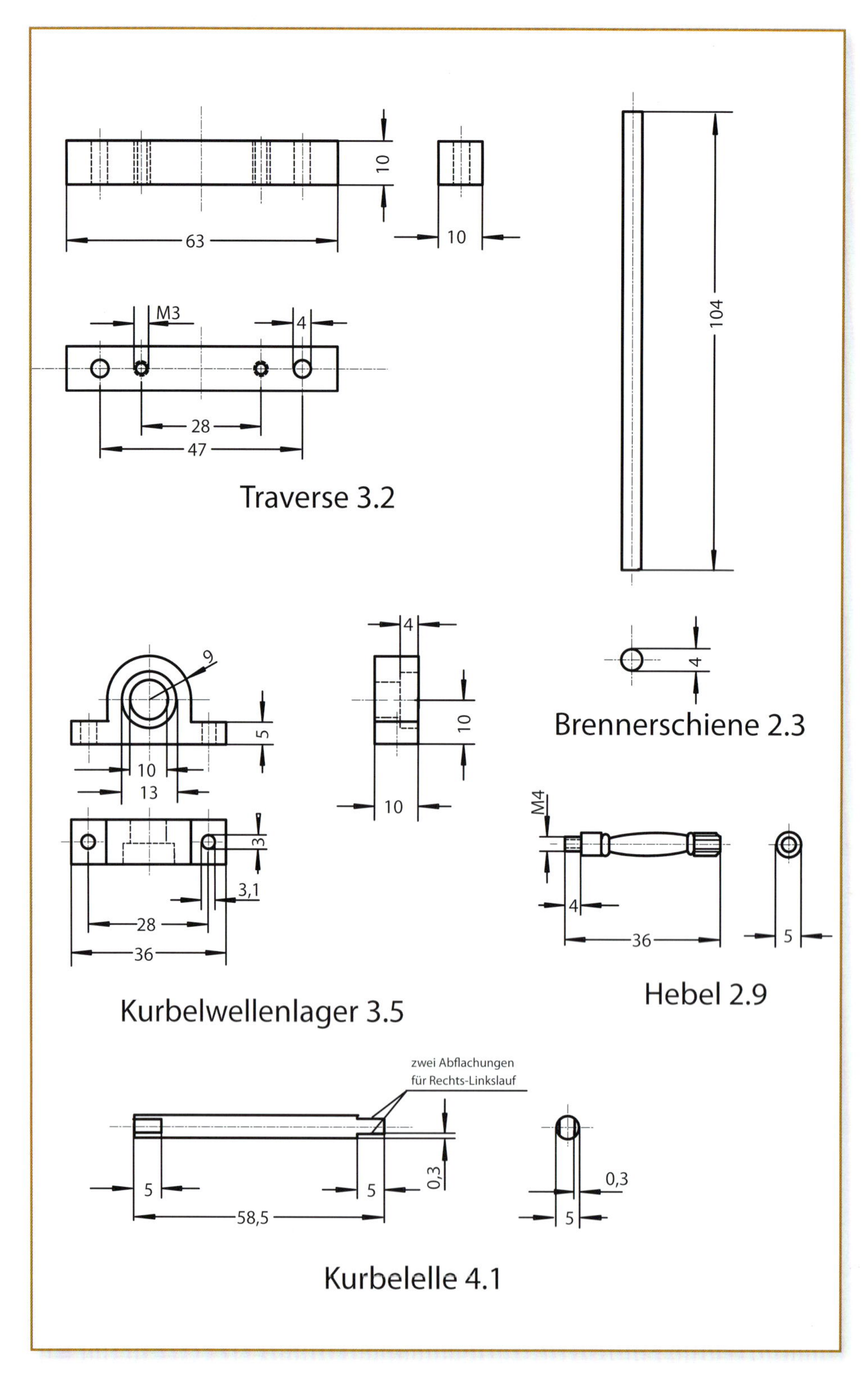

63
10
10
M3
4
28
47
Traverse 3.2
104
4
Brennerschiene 2.3
9
5
10
13
4
10
10
3
3,1
28
36
Kurbelwellenlager 3.5
M4
4
36
5
Hebel 2.9
zwei Abflachungen
für Rechts-Linkslauf
5
5
0,3
58,5
0,3
5
Kurbelelle 4.1

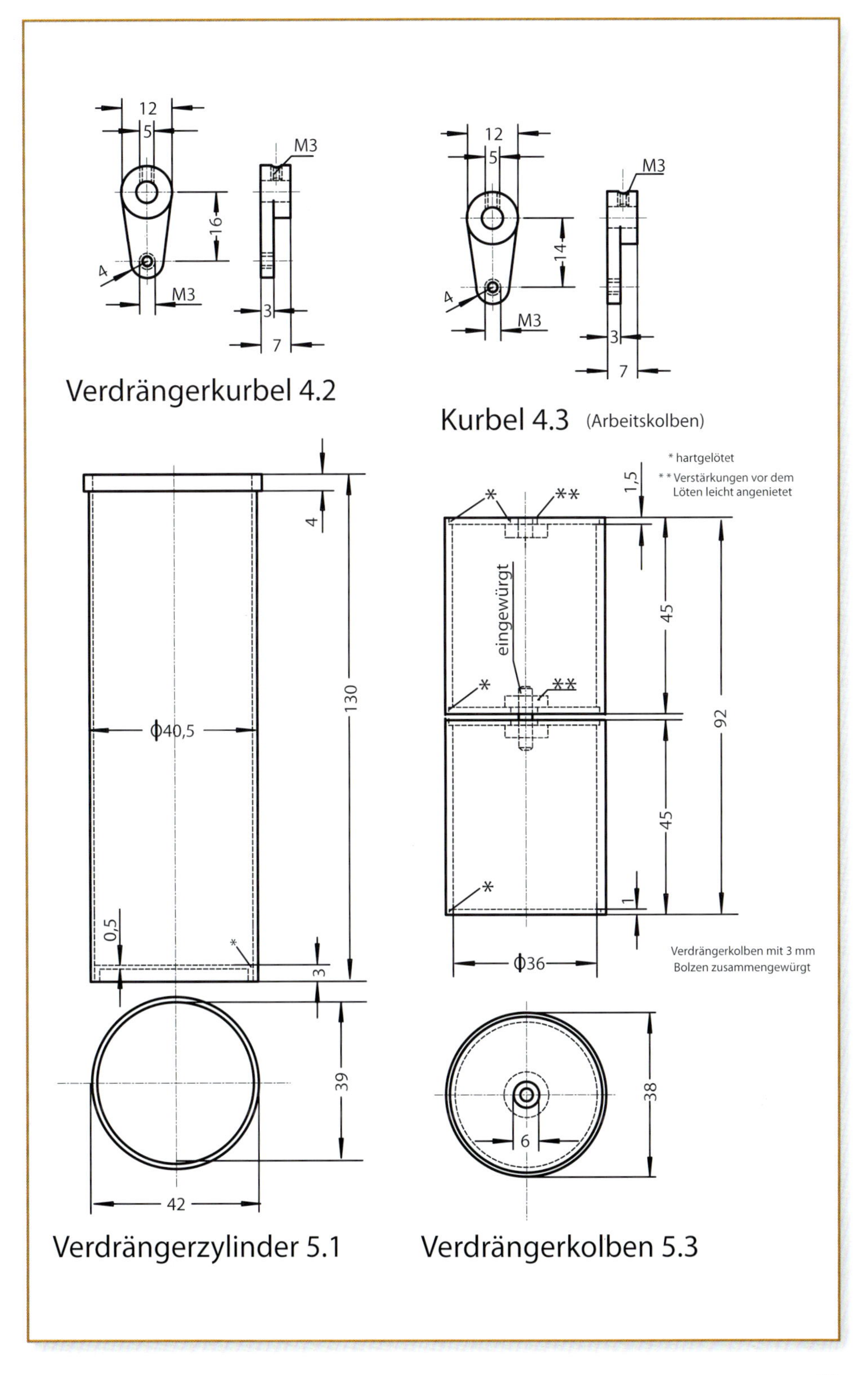
12
5
M3
16
4
M3
3
7
Verdrängerkurbel 4.2
12
5
M3
14
4
M3
3
7
Kurbel 4.3 (Arbeitskolben)
* hartgelötet
* * Verstärkungen vor dem Löten leicht angenietet
4
130
ϕ40,5
0,5
*
3
39
42
Verdrängerzylinder 5.1
1,5
*
**
eingewürgt
45
92
45
1
ϕ36
Verdrängerkolben mit 3 mm Bolzen zusammengewürgt
38
6
Verdrängerkolben 5.3

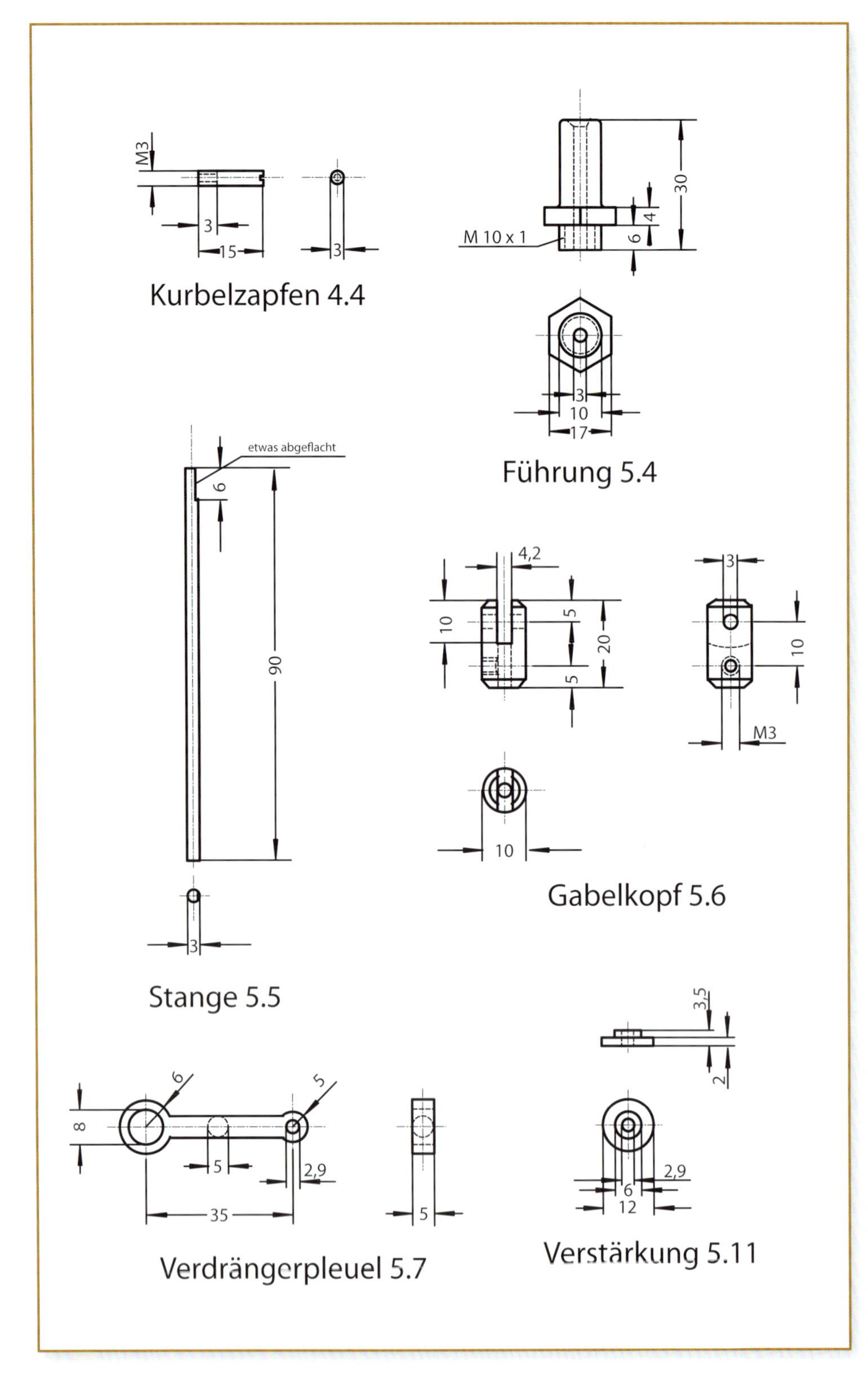
M3
3
15
3
Kurbelzapfen 4.4
M 10 x 1
30
4
6
3
10
17
Führung 5.4
etwas abgeflacht
6
90
3
Stange 5.5
4,2
10
5
20
5
3
10
M3
10
Gabelkopf 5.6
6
5
8
5
2,9
35
5
Verdrängerpleuel 5.7
3,5
2
2,9
6
12
Verstärkung 5.11

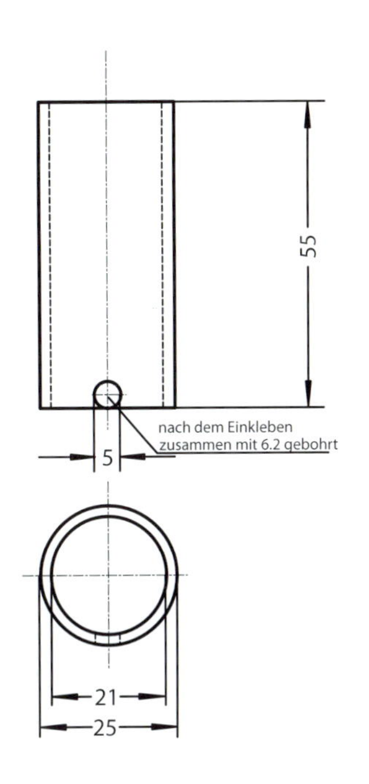

Zylinderboden 6.2

Arbeitszylinder 6.1

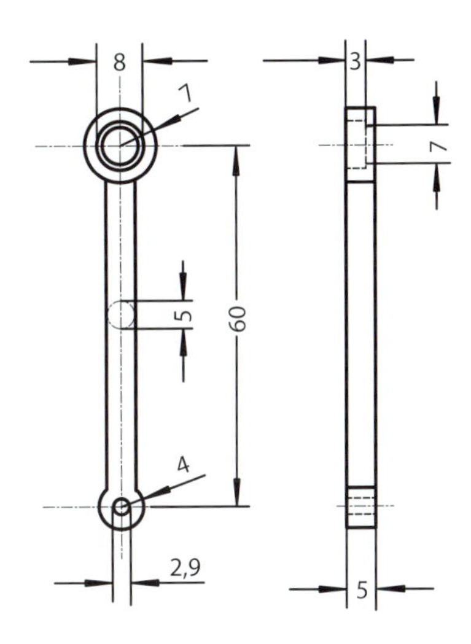

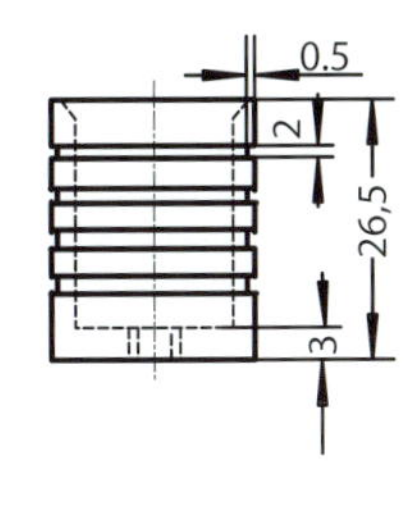

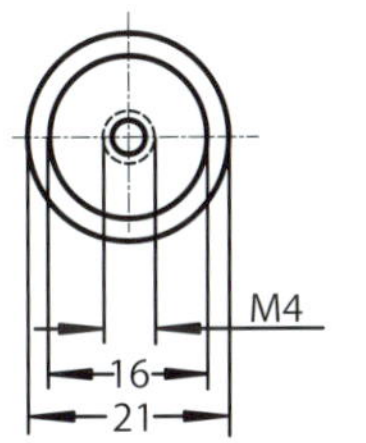

Arbeitspleuel 6.6

Arbeitskolben 6.4

siehe auch Foto Seite 26

Motoroberteil

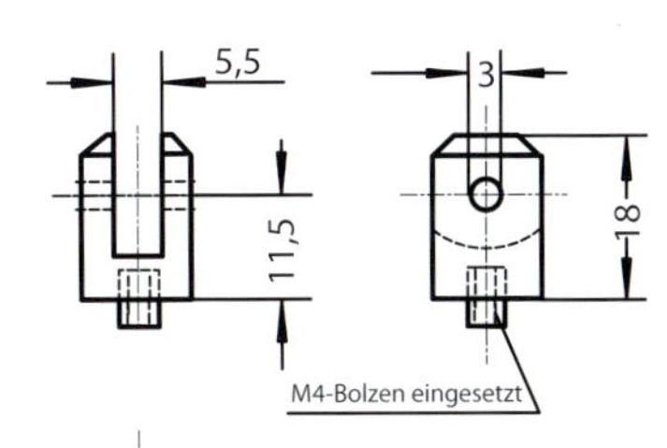

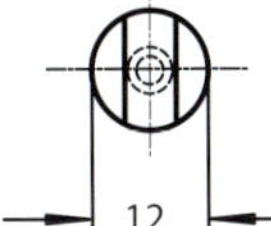

Gabelkopf 6.5

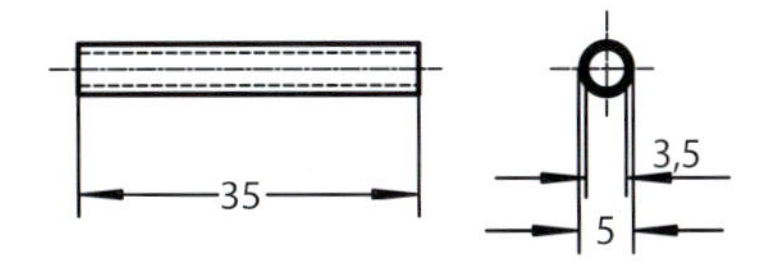

Verbindungsrohr 6.10

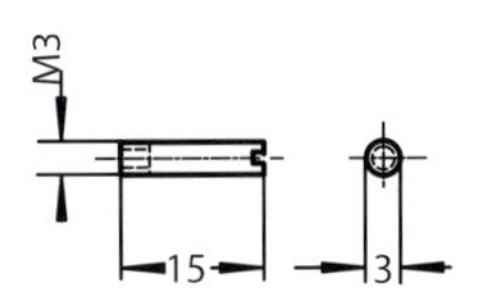

Kurbelzapfen 6.8

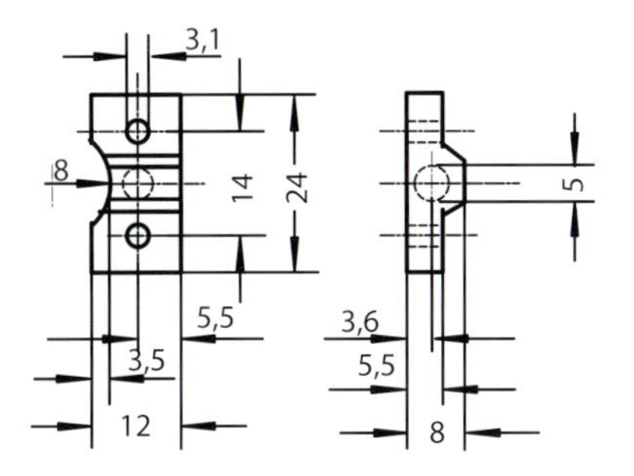

Anschlussplatte 6.11

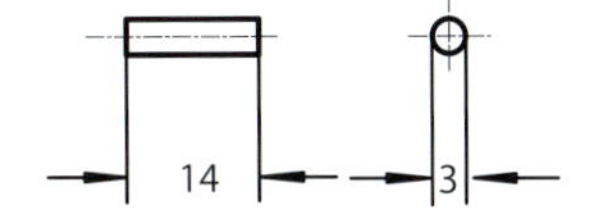

Kolbenbolzen 6.9

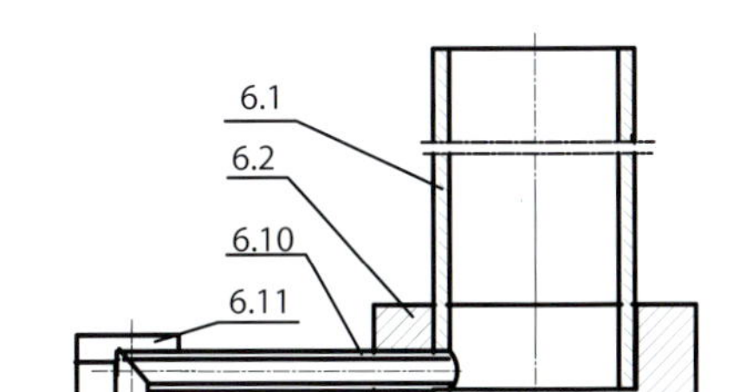

Zusammenbau von Arbeitszylinder 6.1,
Zylinderboden 6.2,
Anschlussplatte 6.11
und Verbindungsrohr 6.10
mittels Zweikomponentenkleber
ausrichten an der Grundplatte 1.0

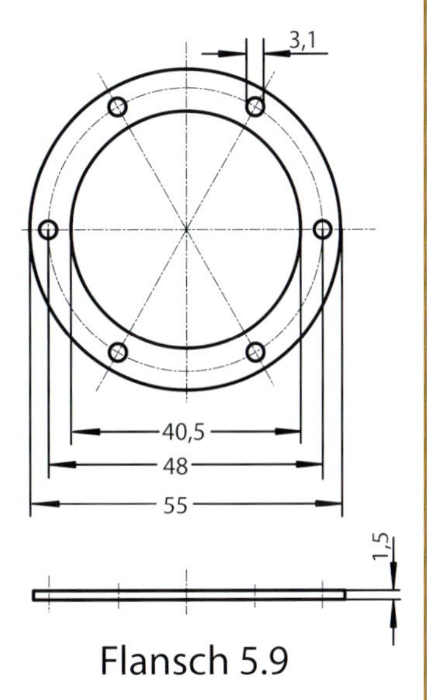

Flansch 5.9

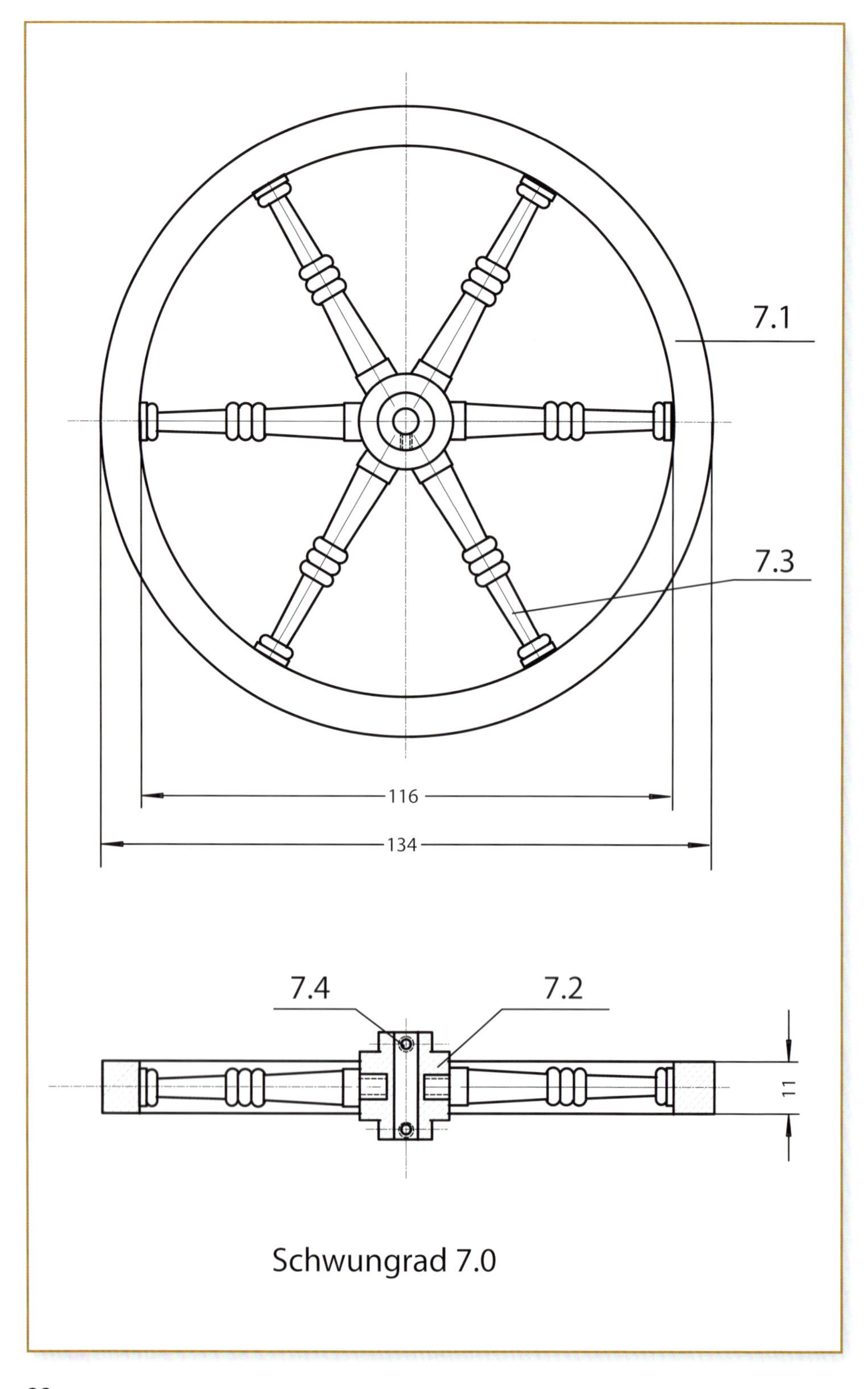

Schwungrad 7.0

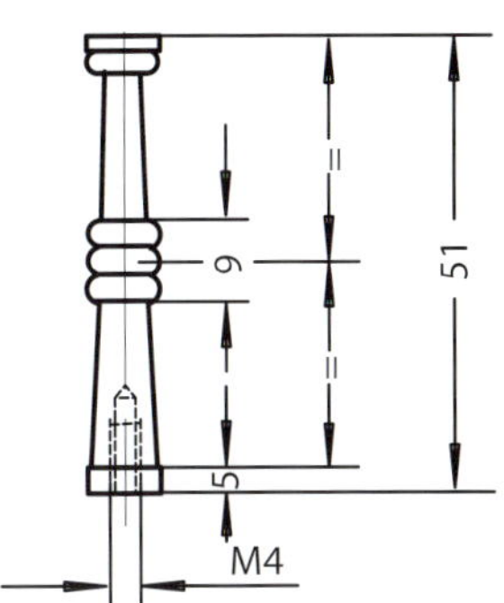

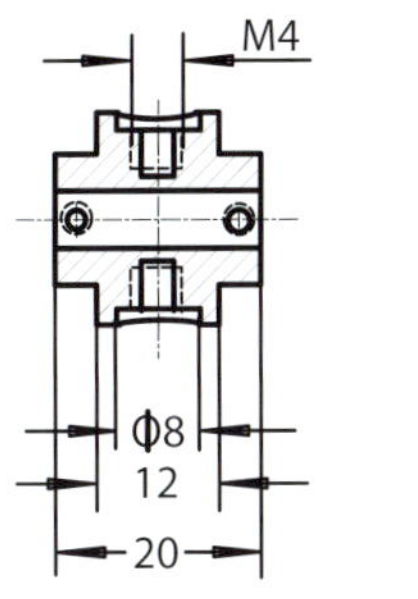

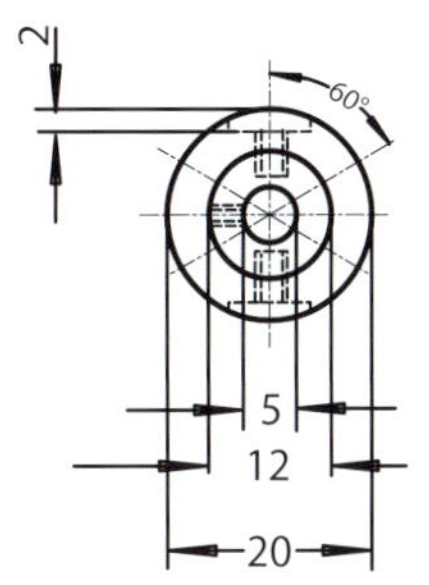

Nabe 7.2

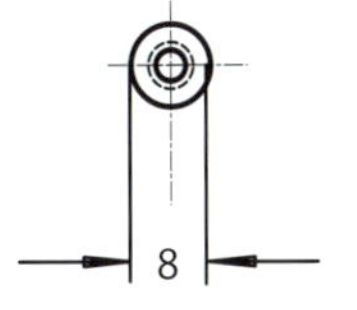

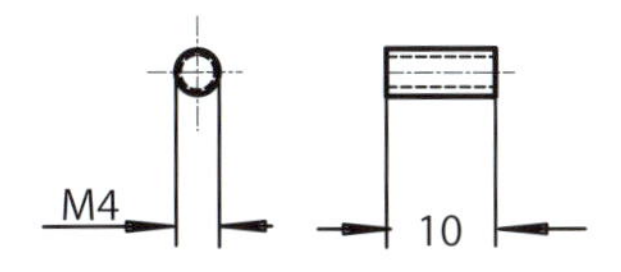

Gewindestück 7.5

zur Speichenmontage

Speiche 7.3

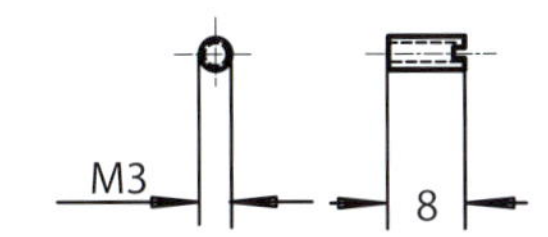

Klemmschraube 7.4

zur Schwungradklemmung

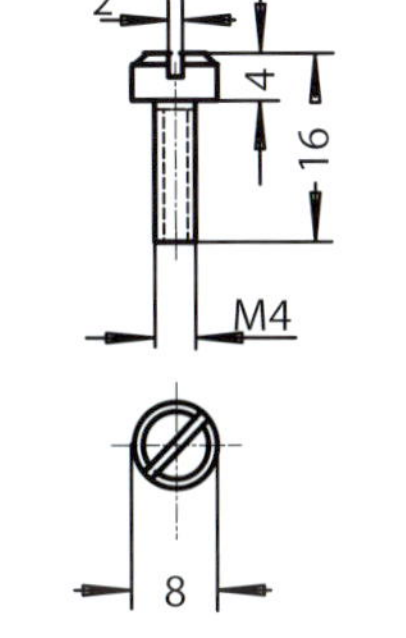

Schraube zur Säulenbefestigung oben

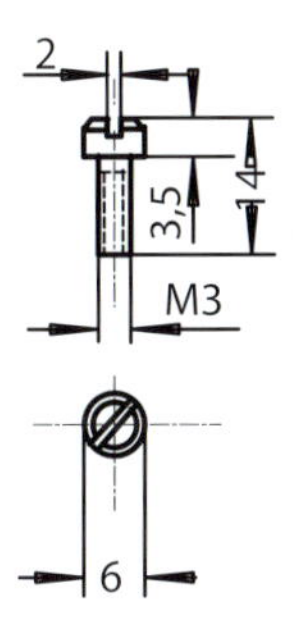

Schraube für die Befestigung
des Kurbelwellenlagers

Verstellbarer Anschlag in Drehmaschinenhohlspindel

Das Herstellen genau gleich langer Teile auf der Drehmaschine kann schon mal zur Geduldsprobe werden. Einspannen, drehen, ausspannen und messen, stimmt noch nicht, noch einmal von vorne und das gleich mehrere Male ...

Ganz schnell und sehr genau geht es mit einem verstellbaren Anschlag in der Hohlspindel der Drehmaschine. Die **Anschlagstange 8** wird eingeschoben und verklemmt, so können alle Teile schnell und exakt auf gleiche Länge gedreht werden.

Der von mir konstruierte Anschlag ist für eine Drehmaschinenspindel mit einer 30-mm-Bohrung ausgelegt. Für andere Abmessungen fällt es sicher nicht schwer, die entsprechenden Maße abzuändern.

Das Gleiche gilt für alle Abmessungen, entscheidend ist letzten Endes immer die „Restekiste" ...

Nachdem das **Abschlussteil 2** in das Rohr 1 eingepresst ist, werden zum Einbau alle Teile – bis auf die **Anschlagstange 8** – zusammengesteckt und in die Hohlspindel eingeführt, bis der Bund am Spindelende anliegt. Dann wird die M-20-Mutter ordentlich angezogen, so dass sich der **Spreizkegel 3** in das geschlitzte Rohr einpresst und der Grundkörper bombenfest in der Hohlspindel sitzt. Dann wird die Anschlagstange eingeschoben und in der benötigten Position mit der Klemmschraube blockiert.

Die **Anschlagstange 8** hat einen Durchmesser von 12 mm. Wird kein Anschlag benötigt, kann die Anschlagstange ohne den Grundkörper herausgenommen werden. Das heißt, längere Werkstücke bis zu einem Durchmesser von 12 mm können so auch noch durchgeschoben werden.

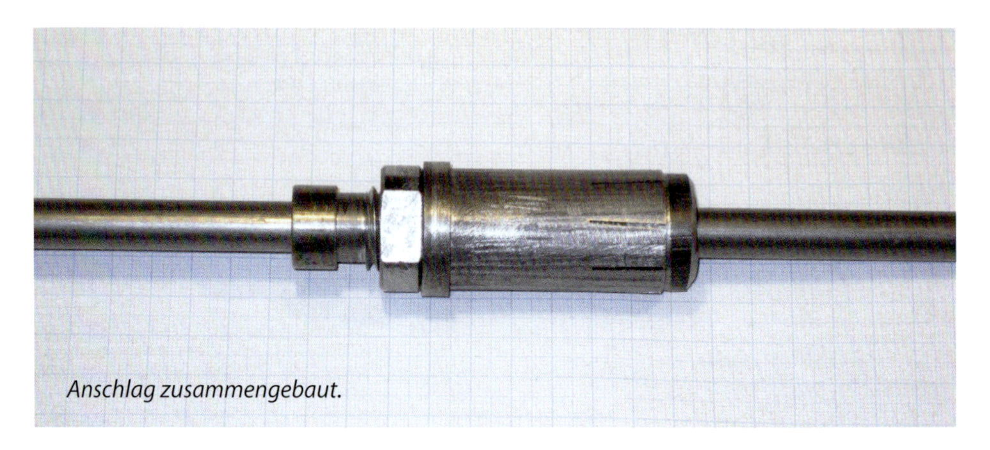

Anschlag zusammengebaut.

Die Anschlagstange kann im Bedarfsfall vorne abgedreht werden, so dass sie auch für dünne kurze Werkstücke bis in den Spannbereich der Drehfutterbacken geschoben werden kann.

Für den Fall, dass der gesamte Durchlass von 30 mm benötigt wird, wird die M-20-Mutter gelöst, und mit einem leichten axialen Schlag mit dem „weichen" Hammer ist die Klemmung aufgehoben und das Ding kann hinten herausgezogen werden.

Die Konstruktion ist unter Berücksichtigung vorhandener Lagermaterialien ausgelegt. Da M-20-Schneideisen nicht oft in Hobbywerkstätten zu finden sind, kann man ein Stück von einer M-20-Gewindestange verwenden.

Das **Abschlussstück 2** ist in das **Rohr 1** eingepresst. Es empfiehlt sich, den gebohrten **Spreizkegel 3** erst nach Verschweißen mit dem Gewindestück konisch zu drehen.

Auf die **Hülse 6** kann verzichtet werden, wenn man das Gewinde nicht abdreht, sondern das Gewinde für die Klemmschraube in das M-20-Gewinde bohrt (mir kommt das etwas sehr einfach vor) ... Die Hülse hat also nur die Aufgabe, für ein etwas längeres M-8-Gewinde zu sorgen.

Die Klemmschraube sollte aus Messing bestehen, um Beschädigungen auf der Stange zu vermeiden.

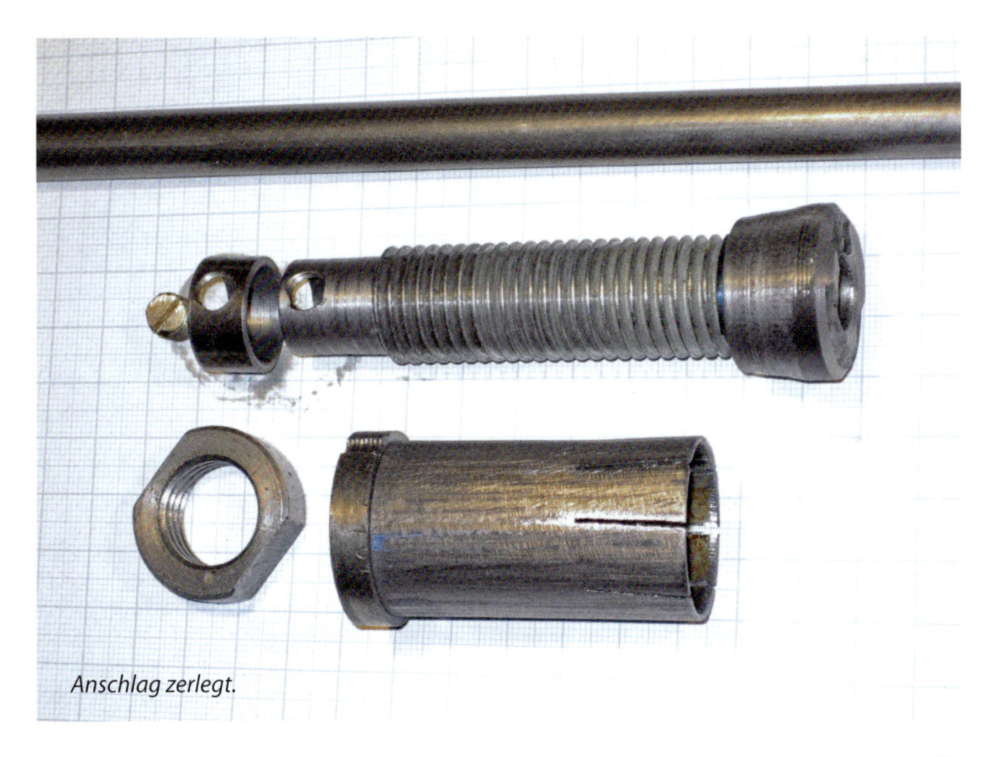

Anschlag zerlegt.

Stückliste für Drehmaschinenanschlag

Pos.	Stück	Benennung	Werkstoff	Maße in mm
1	1	Rohr	Stahl	Ø 30 x 26 x 55
2	1	Abschlussteil	Stahl	Ø 36 x 20
3	1	Spreizkegel	Stahl	Ø 30 x 20
4	1	Gewindestück	Stahl	M 20 x 100
5	1	Mutter	Stahl	M 20 x 10
6	1	Hülse	Stahl	Ø 20 x 10
7	1	Klemmschraube	Messing	M 8 x 8
8	1	Anschlagstange	Stahl	Ø 12 x ca. 300

Zeichnungen Drehmaschinenanschlag

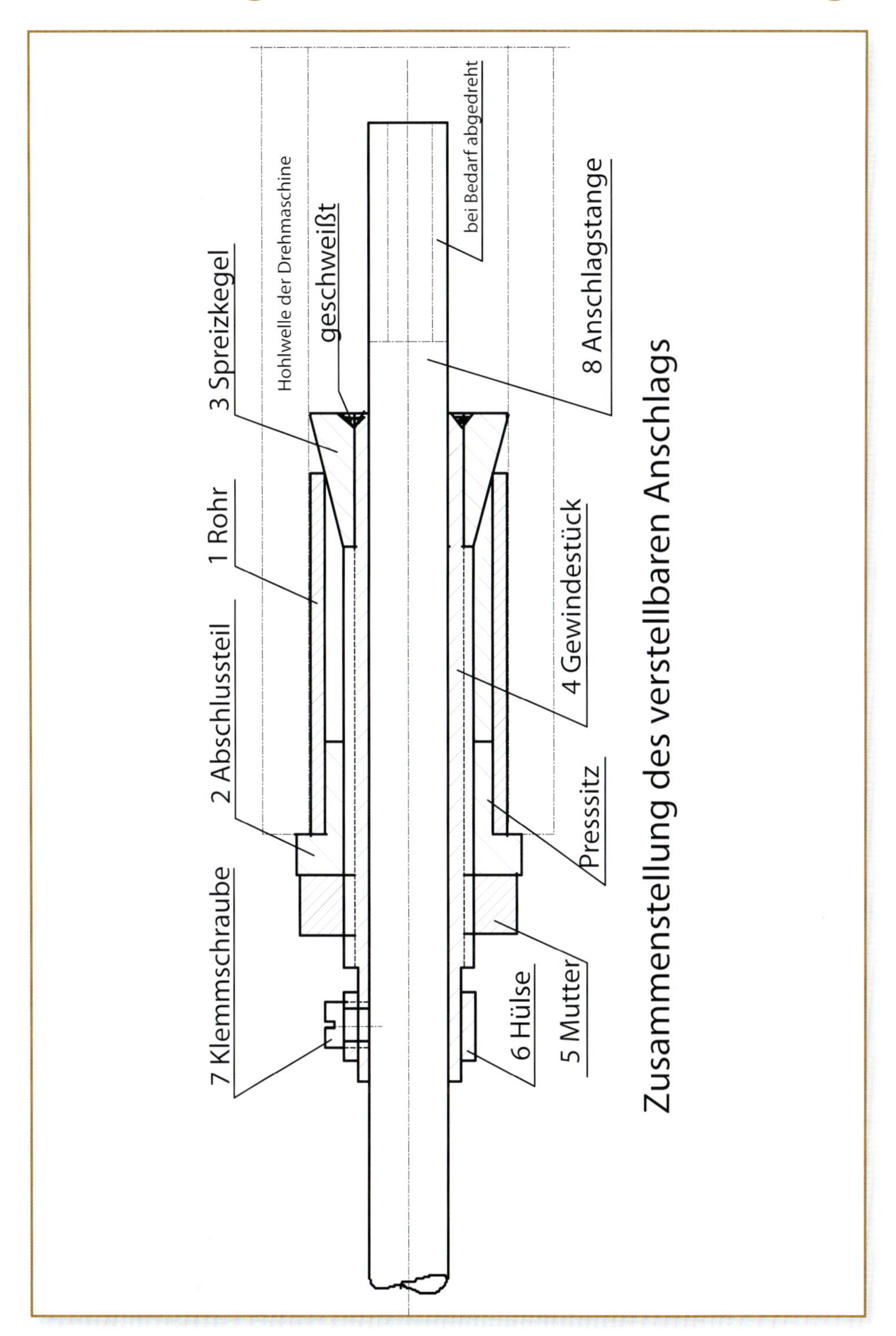

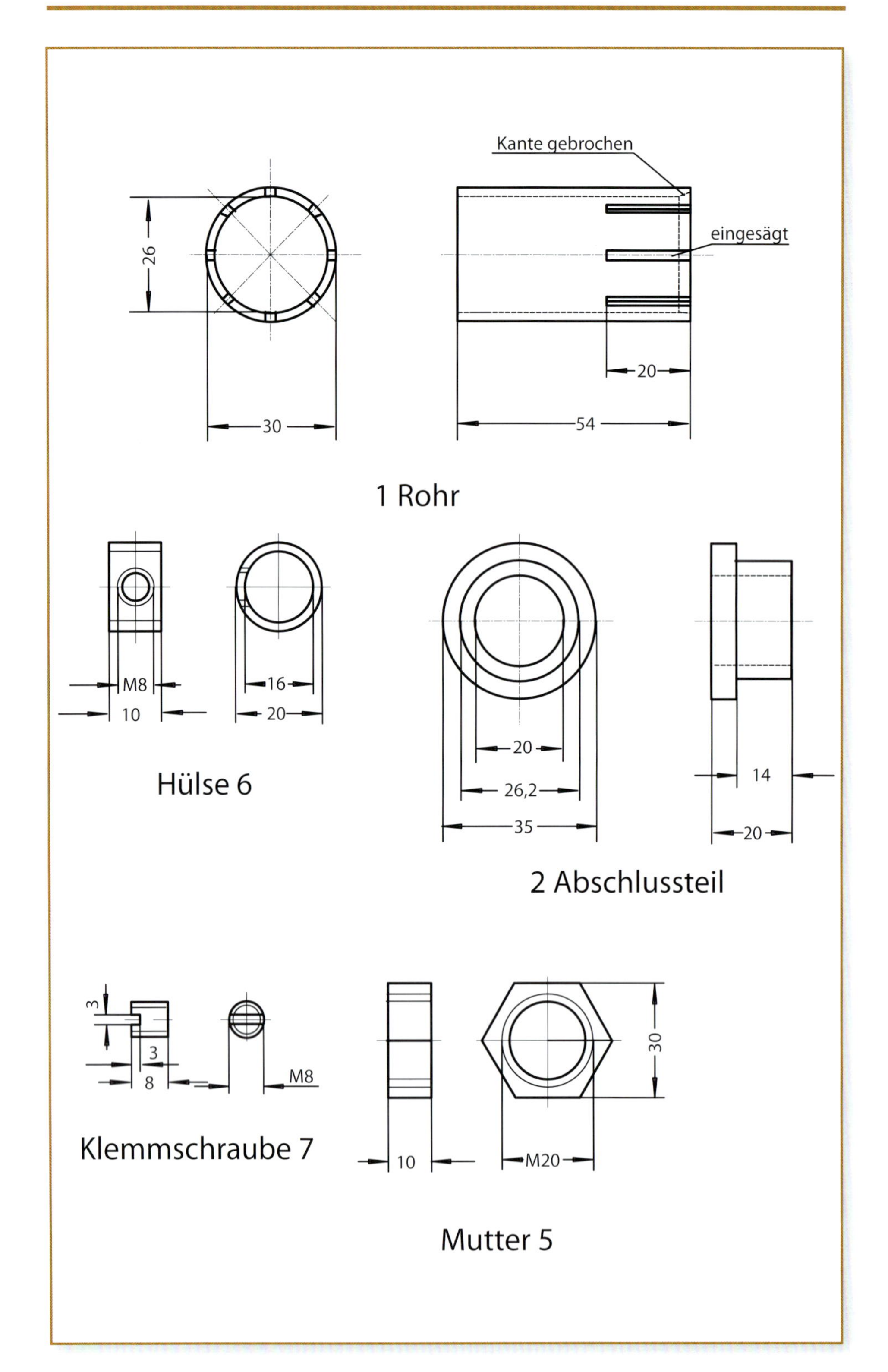
Kante gebrochen
eingesägt
26
30
20
54
1 Rohr
M8
10
16
20
Hülse 6
20
26,2
35
14
20
2 Abschlussteil
3
3
8
M8
Klemmschraube 7
10
M20
30
Mutter 5

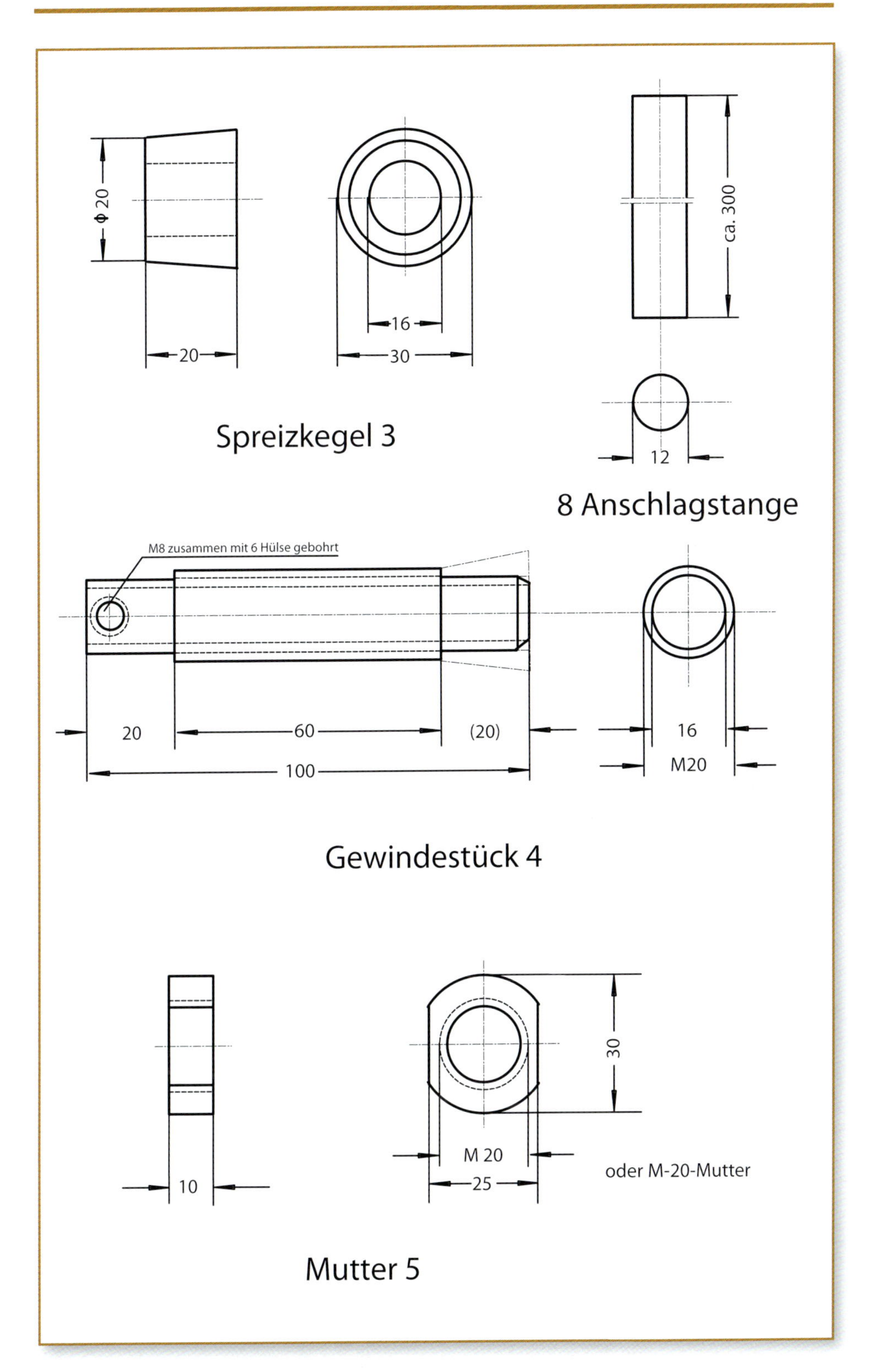
ϕ 20
20
16
30
Spreizkegel 3
ca. 300
12
8 Anschlagstange
M8 zusammen mit 6 Hülse gebohrt
20
60
(20)
100
16
M20
Gewindestück 4
10
30
M 20
25
oder M-20-Mutter
Mutter 5

Der gläserne
Stirlingmotor
SM 30

Der gläserne Stirlingmotor SM 30

Technische Daten:

Arbeitskolbendurchmesser: 40 mm
Arbeitskolbenhub: 12 mm
Hubvolumen: 15 cm^2

Verdrängerdurchmesser: 80 mm
Verdrängerkolbenhub: 12 mm
Verdrängervolumen: 60 cm^2

Volumenverhältnis: 1 : 4

Die hier wiedergegebenen Erfahrungen mit glasähnlichen Kunststoffen wurden ausschließlich durch den Umgang mit diesen Werkstoffen erreicht und können deshalb auch nur einen kleinen Ausschnitt dieser Technik darstellen.

Bei der Bearbeitung wurden Verfahren angewendet, wie sie für die Metallverarbeitung üblich sind. Der vorliegende Motor besteht zum größten Teil aus Acrylglas (Plexiglas) und aus Polycarbonat PC (Makrolon). Mit dem Auge sind die beiden Werkstoffe nicht zu unterscheiden.

Plexiglas ist spröde und bricht leicht, PC ist dagegen bruchsicher, dünne Platten (4 mm) lassen sich abkanten. PC wird für bruchsichere Verglasungen, Schutzabdeckungen an Maschinen, Windschutzscheiben und Kabinenhauben verwendet. Deshalb sind dünne Platten leichter zu beschaffen als besonders dickes Material, außerdem ist es teurer als Plexiglas.

Plexiglas beschafft man sich bei Händlern, die auch Zuschnitte machen. Hier kann man aus den Resteregalen preiswert Material bekommen. Große Glasereien verfügen auch über Kunstgläser bzw. können geeignete Abmessungen von Großlieferanten bestellen, bei denen man als Privatmann keinen Zugang hat.

Alle Bestandteile des Motors könnten aus PC gefertigt werden. In der Stückliste sind aber nur die Teile aus PC angegeben, die gebogen werden müssen oder sehr hoch belastet sind. Für die übrigen Teile wird Plexiglas verwendet.

Für die Herstellung der M5-Schrauben wurde für den Mustermotor Plexiglas verwendet, da das bruchsichere PC nicht zur Verfügung stand. Für einige M5-Schrauben habe ich zwei vier Millimeter dicke PC-Streifen mit Sekundenkleber aufeinandergeklebt und rund gedreht. Sogar bei dem Gewindeschneiden hält die Klebung bombenfest.

Bearbeitung

Das Aussägen von Platten sollte mit der Original-Folienbeschichtung erfolgen, sonst kann das Sägeblatt im Schnitt verschmelzen. Fehlende Folie kann man durch Aufkleben von einfachem Tesafilm ersetzen. Beim Bohren und Fräsen sind aus dem gleichen Grund niedrige Schnittgeschwindigkeiten zu wählen unter Zugabe von etwas dünnflüssigem Öl.

Kleben

Im Mustermotor sind einige Teile durch Kleben zusammengefügt. Dafür sollte der handelsübliche Sekundenkleber (Cyanacrylat) verwendet werden. Eine Klebeseite wird mit Aktivator eingesprüht, die Gegenseite mit Sekundenkleber bestrichen und zusammengefügt, ein Verschieben ist dann fast nicht mehr möglich. Eine andere Methode ist, den Aktivator erst hinterher auf den Klebespalt aufzusprühen. Durch den Aktivator kann der Kleber auch bei größeren Flächen aushärten. Im Gegensatz zu Zweikomponenten-Klebern vergilbt Sekundenkleber nicht und wird bombenfest.

Herstellung der Teile

Der **1.8 Windschutz** mit den beiden **1.5 Ständern**, den **1.6 Füßen** und den **1.7 Passstücken** wird zu einem Teil zusammengeklebt. Der eigentliche Windschutzteil besteht aus PC und kann „brutal" abgekantet werden. Sollte kein Polycarbonat 4 mm dick zu bekommen sein, wird der Windschutz einfach aus fünf auf Gehrung geschnittenen Plexiglasteilen zusammengeklebt.

Der **1.9 Motorblock** ist aus dem Vollen gedreht bzw. gefräst. Die Ausfräsungen im oberen Bereich kann man beliebig gestalten. Bei dem Mustermotor waren ursprünglich drei Kammern vorgesehen, die mit Kühlwasser gefüllt werden konnten. Die schlechte Wärmeleitfähigkeit von Plexiglas macht das aber überflüssig. Deshalb wurden die ca. 10 mm dicken Wände ausgeschnitten und die drei stehengebliebenen Wände nach oben abgeschrägt.

Der Mustermotor hat eine Vorgelegewelle, um ein ausreichendes Schwungmoment zu bekommen. Bei dem leichten Plexiglas wäre sonst ein Schwungrad mit sehr großem Durchmesser erforderlich gewesen. Für den Antrieb der Vorgelegewelle wurden hier selbstgefertigte Zahnräder verwendet. Es können auch ein Riementrieb und Scheiben mit ähnlichem Außendurchmesser wie bei den Zahnrädern gewählt werden.

Da Modulfräser sehr teuer sind, kann man sich zum Fräsen von Plexiglas einen Fräser selbst herstellen: Man dreht eine Scheibe aus härtbarem Stahl ca. 4 mm breit mit einem Durchmesser von ca. 40 mm. Ein beliebiges „Musterzahnrad" mit Modul 1,5 dient als Vorlage für die Fräserkontur beim Drehen des Umfangs (siehe Foto). Danach wird ca. alle 20° eine Bohrung gesetzt und die Zähne werden ausgearbeitet und hinterschliffen.

Besondere Sorgfalt ist bei der Herstellung der Zylinderbohrung mit dem 40-mm-Durchmesser erforderlich, dass am Ende ein leicht laufender Kolben mit großer Dichtheit entsteht.

Man kann das Schwungrad aus dem Vollen drehen. Um Material zu sparen, kann man es aber auch, wie beim Mustermotor, aus drei Teilen zusammenkleben, denn bei der Herstellung des Verdrängerkolbens aus einem 100-mm-Stück fällt ziemlich genau der Ring für die Felge ab.

Kurbelwelle und Vorgelegewelle sind kugelgelagert, wie auch das Arbeitspleuel ein Kugellager enthält. Das Verdrängerpleuel hat zwei Gleitlager.

Zusammenbau

Zuerst werden die beiden **1.7 Passstücke** in die Ausfräsungen in den beiden **1.5 Ständern** eingeklebt. Dann wird der **2.0 Verdrängerkolben** mit Stange in den Motorblock gesteckt und der Verdrängerzylinder von unten verschlossen.

Zur Abdichtung des **2.2 Verdrängerbodens** zum Zylinder sollte ein sehr weicher Schaumgummi (kein Schaumstoff) mit ca. 3 mm Dicke verwendet werden. Diese Dichtung ist außerdem eine gute Wärmeisolierung und passt sich gut an die Flächen an.

Nachdem der komplette Windfang fertig ist, werden die beiden **1.5 Ständer** leicht auseinandergespreizt und der Motorblock dazwischengesetzt, so dass die Passstücke einrasten. Nun steht der Motor schon mal, und von oben wird der komplette Arbeitskolben eingesetzt. Jetzt kann der **2.8 Lagerbock** mit der Kurbelwelle und den Pleuelstangen montiert werden. Als Abschluss wird die Vorgelegewelle mit den beiden Zahnrädern und dem Schwungrad angebaut.

Das Ritzel ist auf die Vorgelegewelle geklebt.

Es ist darauf zu achten, dass die Anzugsmomente aller Schrauben gering sein müssen, da andernfalls leicht Risse entstehen. (Der Metaller muss hier schon etwas umdenken ...) Aber wenn der Motor dann mal läuft, ist die Freude groß.

Stückliste für Stirlingmotor SM 30 – Teil 1

Pos.	Stück	Benennung	Werkstoff	Maße in mm
1.0	1	Grundplatte	Plexiglas	12 x 150 x 150
1.1	1	Brennerhalter	Plexiglas	4 x 55 x 100
1.2	1	Ring	Plexiglas	4 x 55 x 55
1.3	1	Haltering	Plexiglas	4 x 75 x 75
1.4	10	Schraube	Plexiglas/PC	Ø 7 x 20
1.5	2	Ständer	Plexiglas	6 x 25 x 90
1.6	2	Fuß	Plexiglas	6 x 36 x 25
1.7	2	Passstück	Plexiglas	6 x 8 x 25
1.8	1	Windschutz	PC	4 x 35 x 175
1.9	10	Schraube	Stahl	M 3 x 20
2.0	1	Verdrängerkolben	Plexiglas	Ø 80 x 20
2.1	1	Motorblock	Plexiglas	Ø 100 x 85
2.2	1	Verdrängerboden	Edelstahl	Bl. 0,5 x 100 x 100
2.3	1	Flansch	Alu	3 x 100 x 100
2.4	1	Verdrängerpleuel	Plexiglas	8 x 8 x 20
2.5	1	Gelenkteil	Plexiglas	8 x 8 x 20
2.6	1	Gelenkbolzen	Plexiglas	Ø 6 x 10
2.7	1	Verdrängerstange	Stahl	Ø 3 x 85
2.8	1	Lagerbock	Plexiglas	20 x 20 x 50
2.9	2	Kurbel u. Vorgelegelager	Plexiglas	Ø 16 x 35
2.10	1	1. Kurbel	Plexiglas	Ø 30 x 10
2.11	4	Kugellager		Ø 13 x 5 x 3
3.0	1	Arbeitskolben	Plexiglas	Ø 40 x 40
3.1	1	Kolbenbolzen	Plexiglas	20 x 20 25
3.2	1	2. Kurbel	Plexiglas	4 x 25 x 25
3.3	1	Führung	Plexiglas	Ø 20 x 35
3.4	1	Kurbelwelle	Stahl	Ø 5 x 60
3.5	1	Arbeitspleuel	Plexiglas	4 x 20 x 60
3.6	1	1. Kurbelzapfen	Plexiglas	Ø 8 x 20

Stückliste für Stirlingmotor SM 30 – Teil 2

Pos.	Stück	Benennung	Werkstoff	Maße in mm
3.7	1	Klemmschraube	Plexiglas	Ø 8 x 10
3.8	1	Hülse	Plexiglas	Ø 8 x 6
3.9	1	2. Kurbelzapfen	Plexiglas	Ø 5 x 15
3.10	1	Kugellager		Ø 9,6 x 6, 3 x 3
4.0	1	Vorgelegearm	Plexiglas	25 x 12 x 70
4.1	1	Vorgelegewelle	Stahl	Ø 5 x 100
4.2	1	1. Zahnrad		
		48 Zähne m 1,5	Plexiglas	4 x 75 x 75
4.3	1	Nabe	Plexiglas	Ø 15 x 25
4.4	1	2. Zahnrad		
		8 Zähne m 1,5	Plexiglas	Ø 15 x 10
4.5	1	Schwungrad	Plexiglas	Ø 100 x 25
4.6	1	Distanzhülse	Plexiglas	Ø 15 x 35
4.7	1	Speichenplatte	Plexiglas	90 x 90 x 4

Zeichnungen SM 30

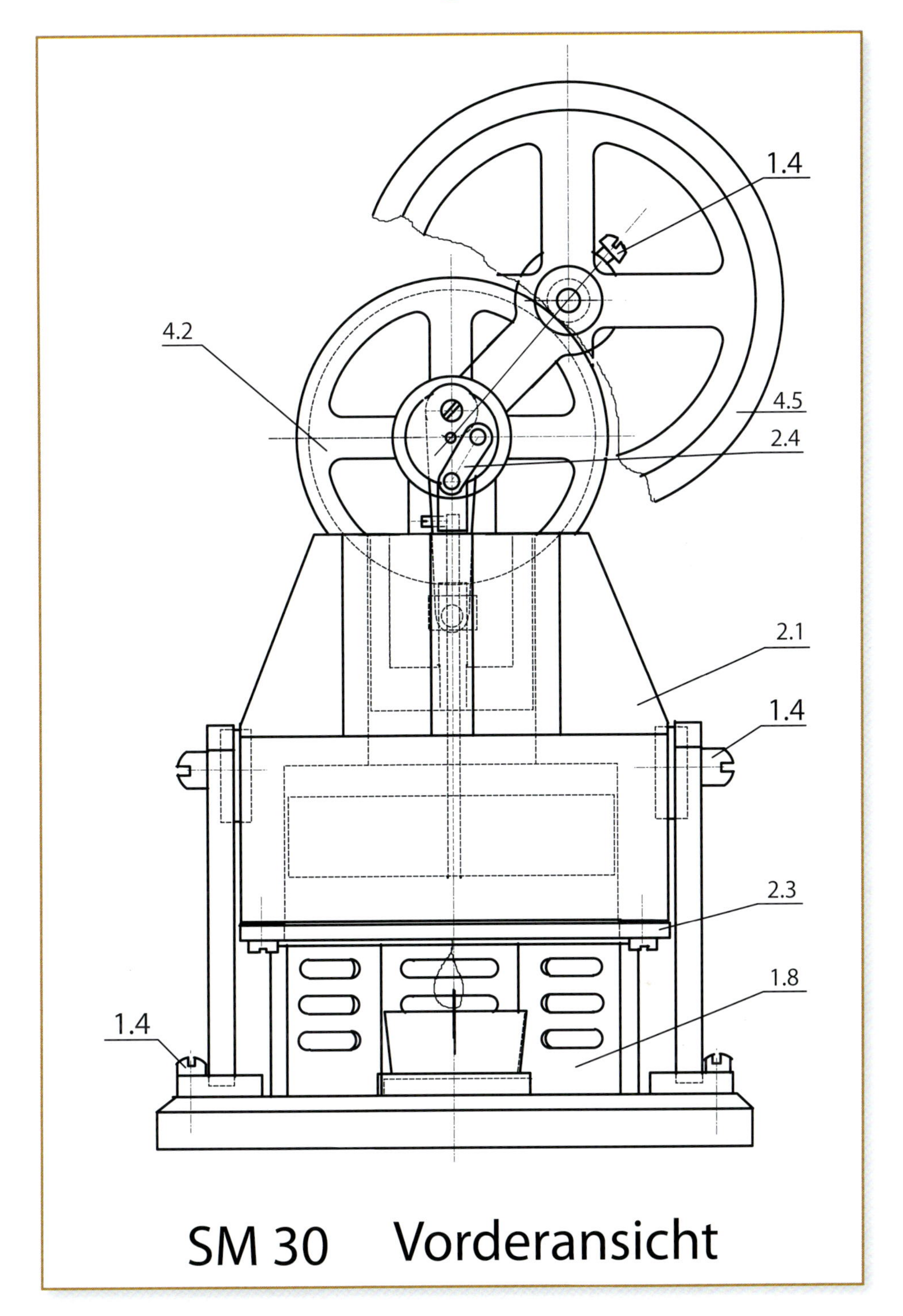

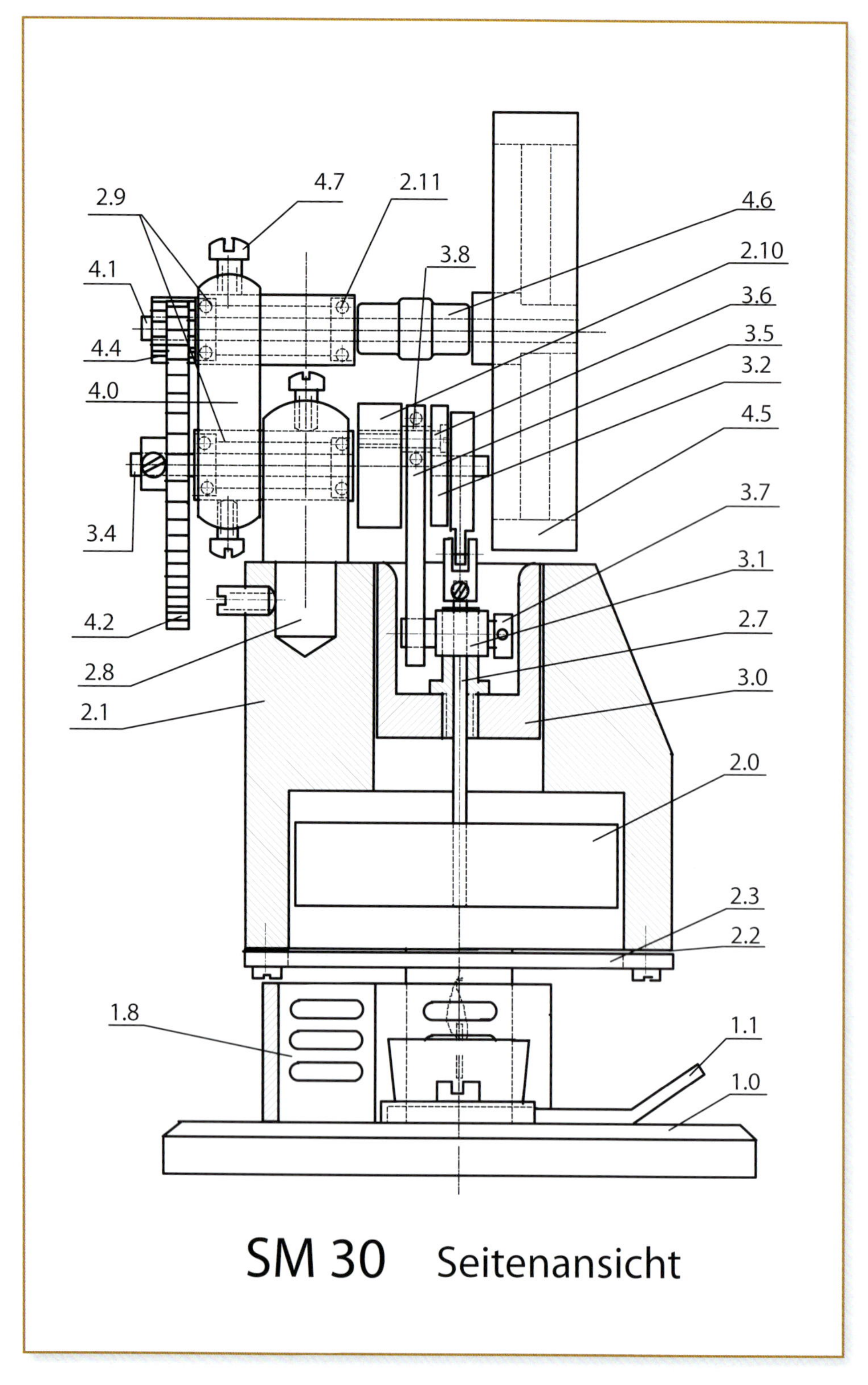

SM 30 Seitenansicht

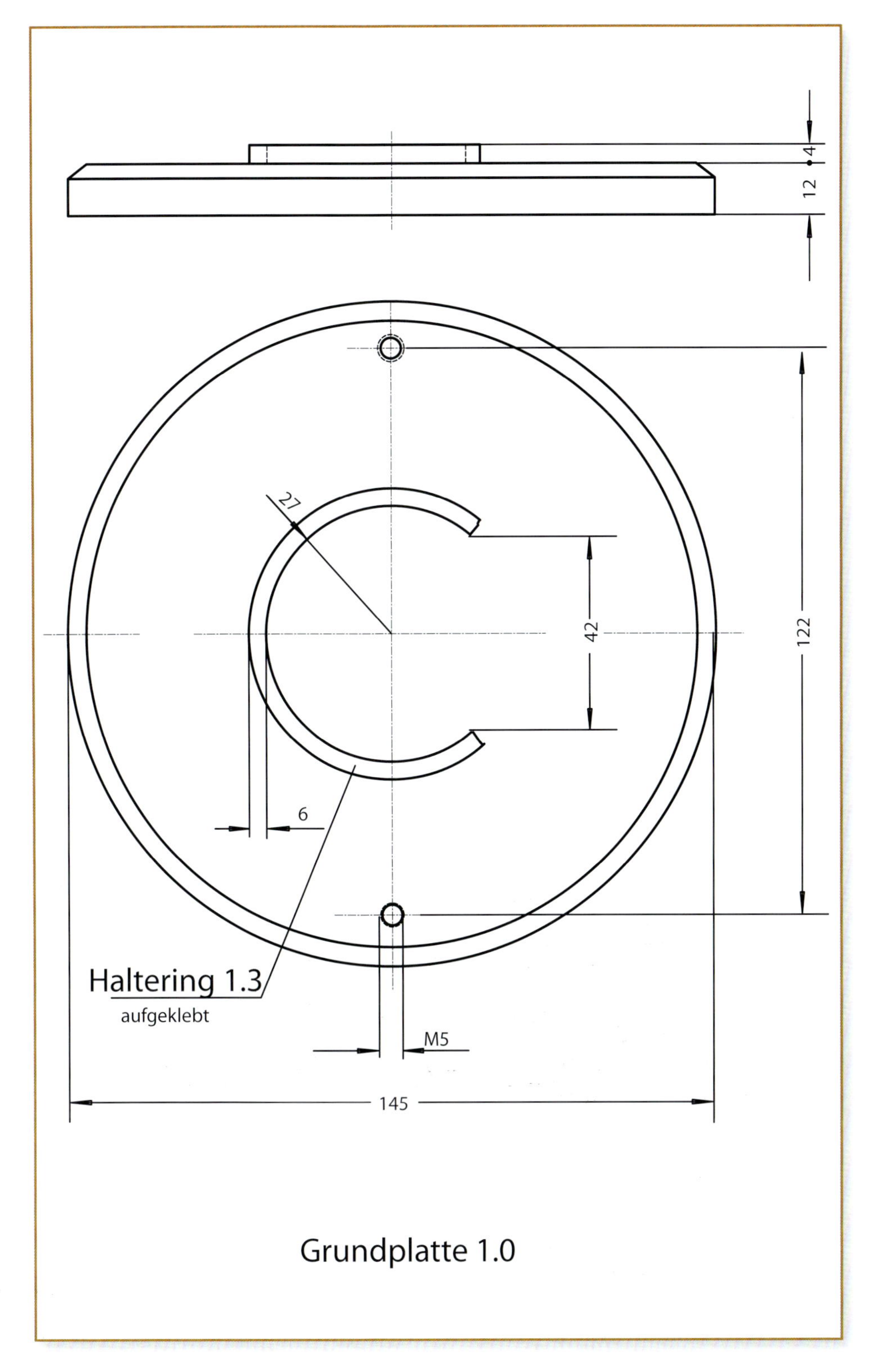

Grundplatte 1.0

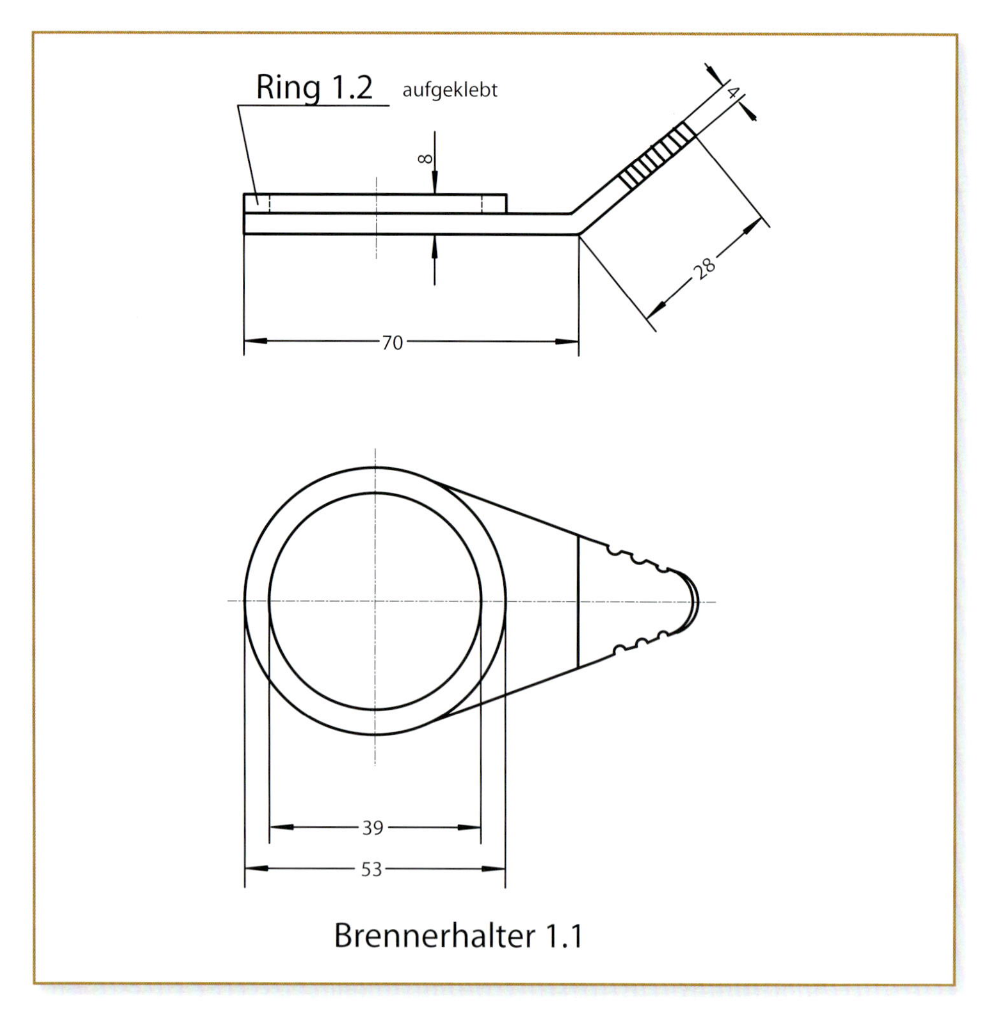

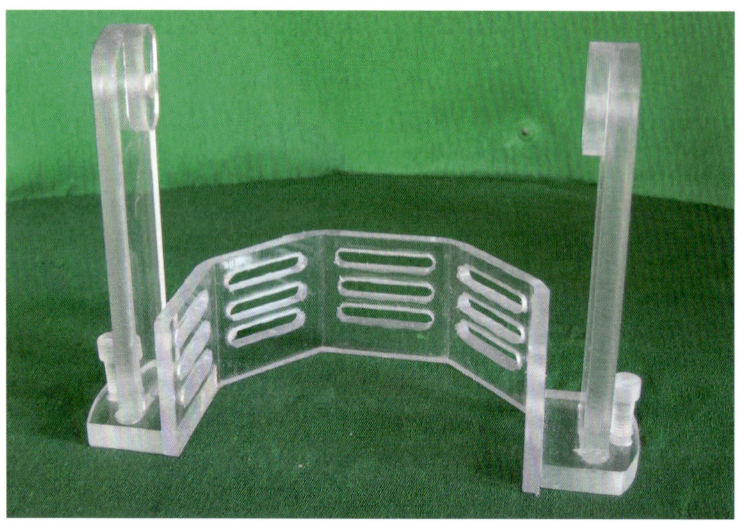

Windschutz 1.8

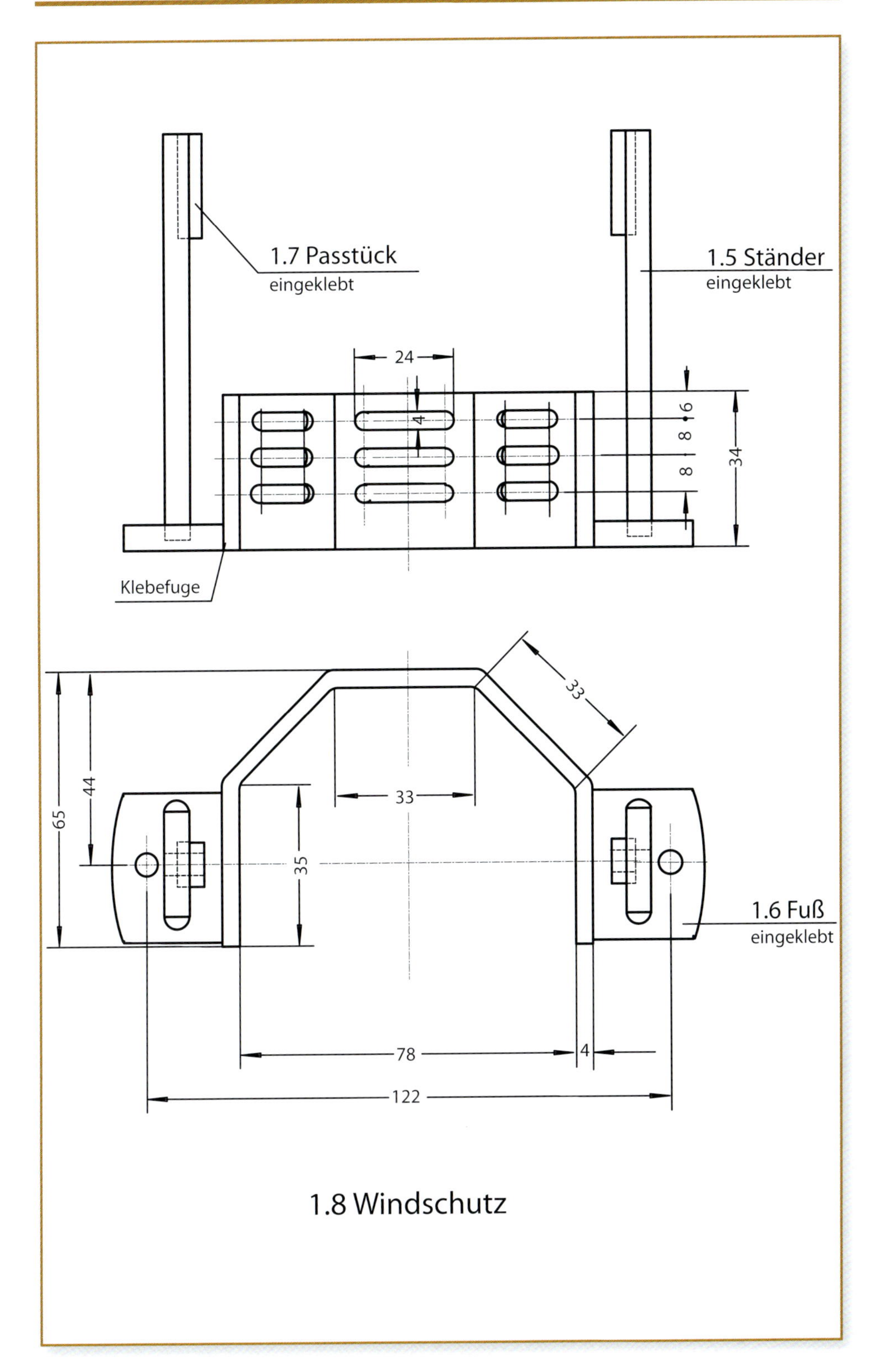

1.8 Windschutz

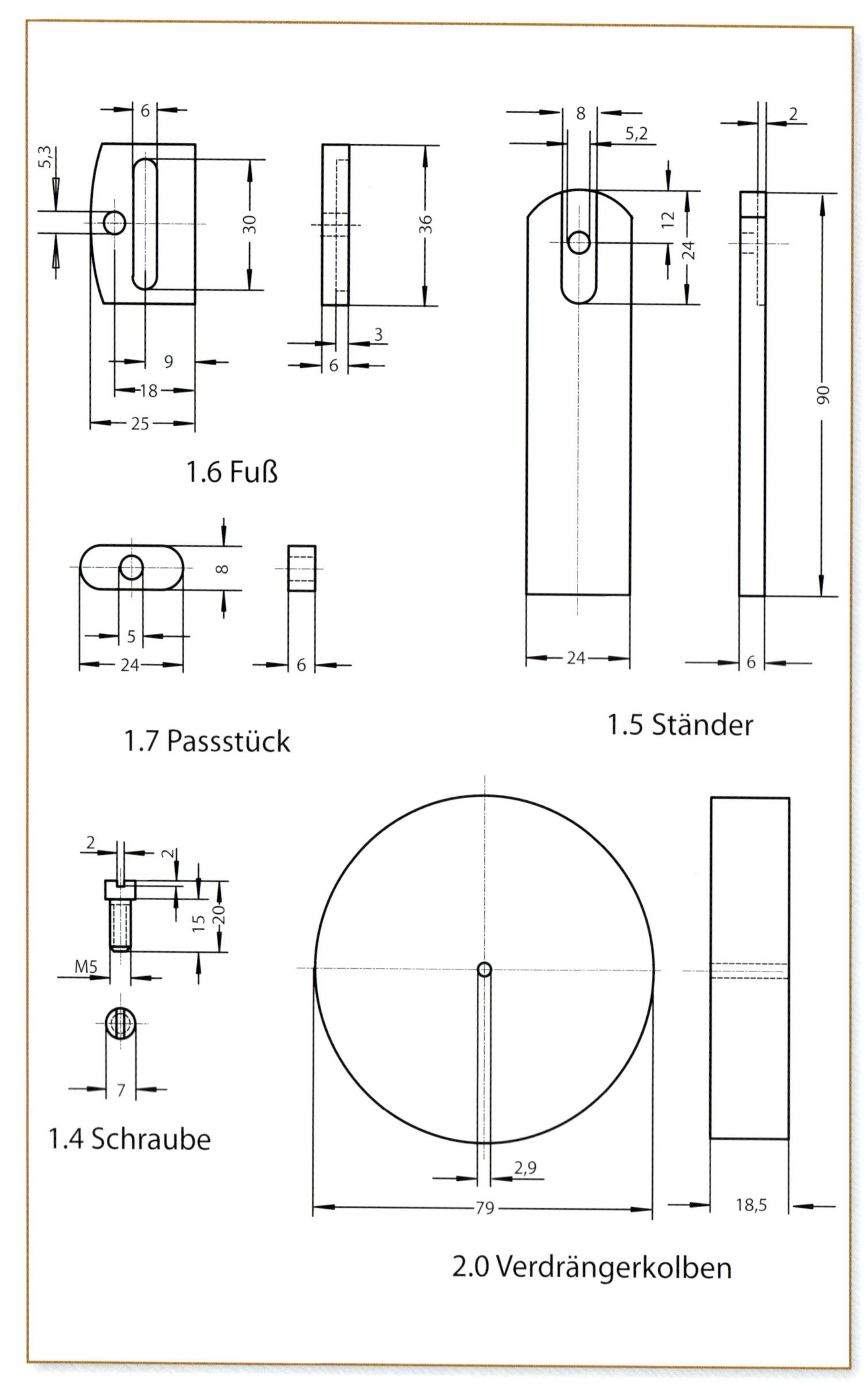

1.6 Fuß

1.7 Passstück

1.5 Ständer

1.4 Schraube

2.0 Verdrängerkolben

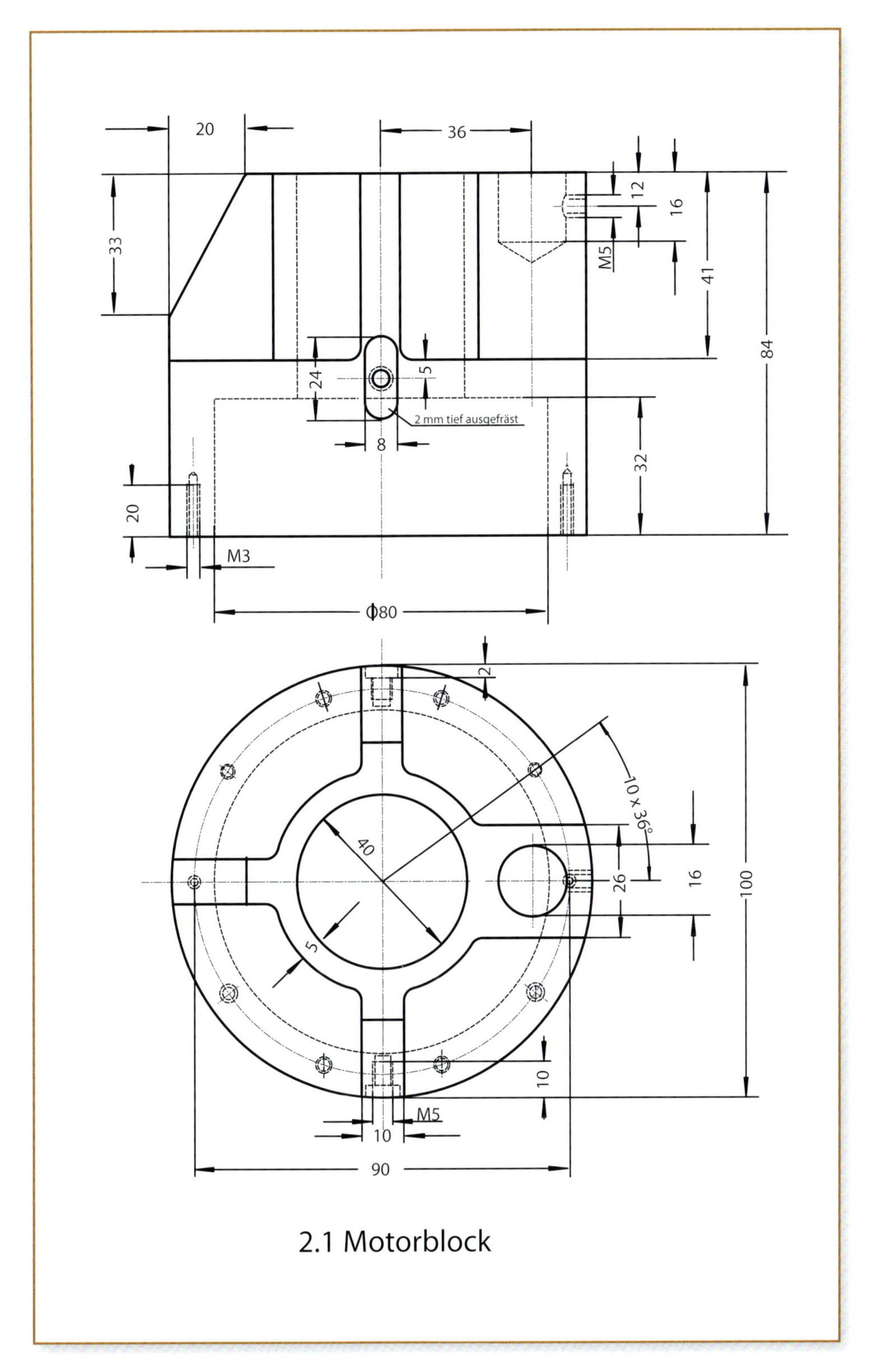

2.1 Motorblock

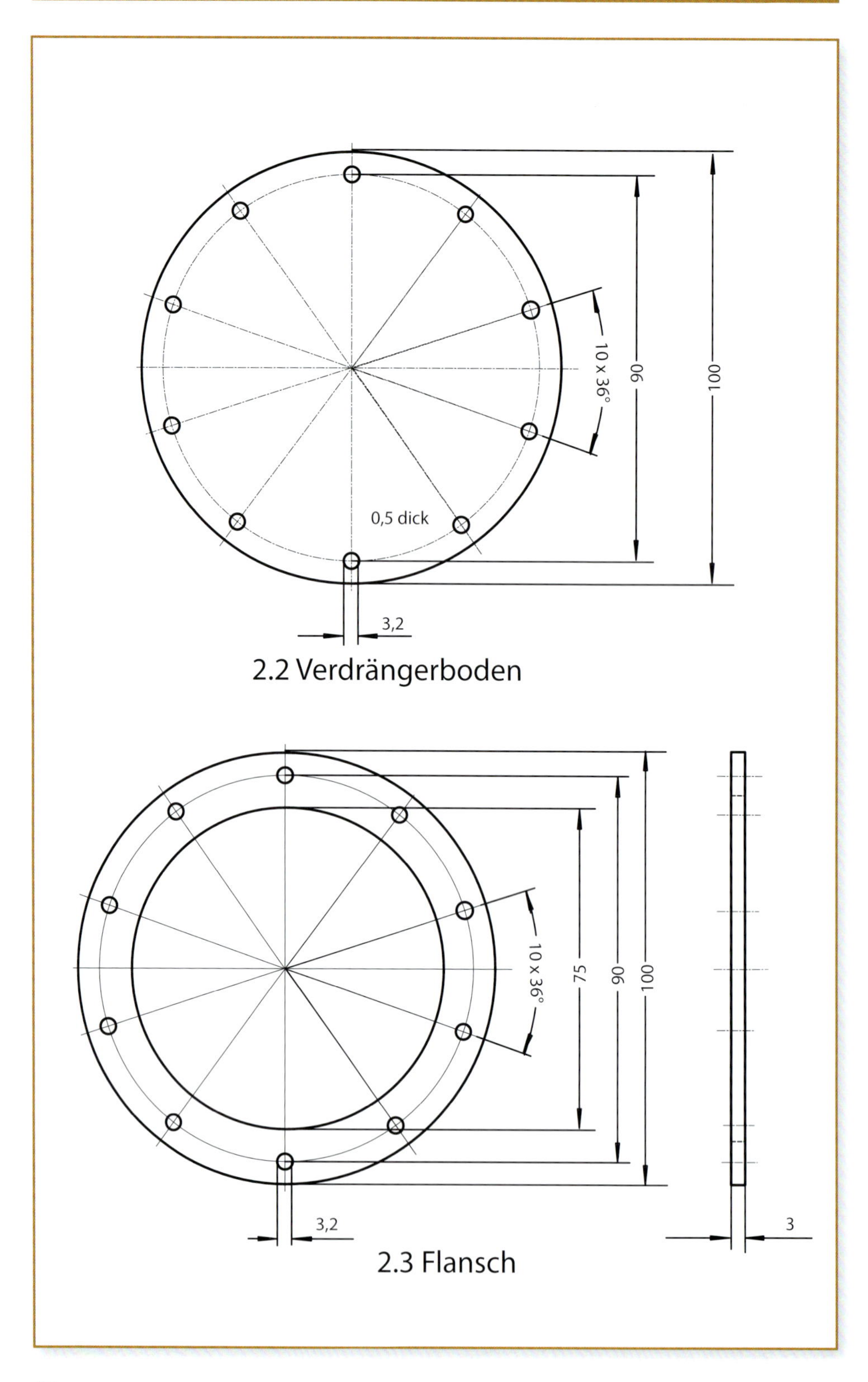

2.2 Verdrängerboden

2.3 Flansch

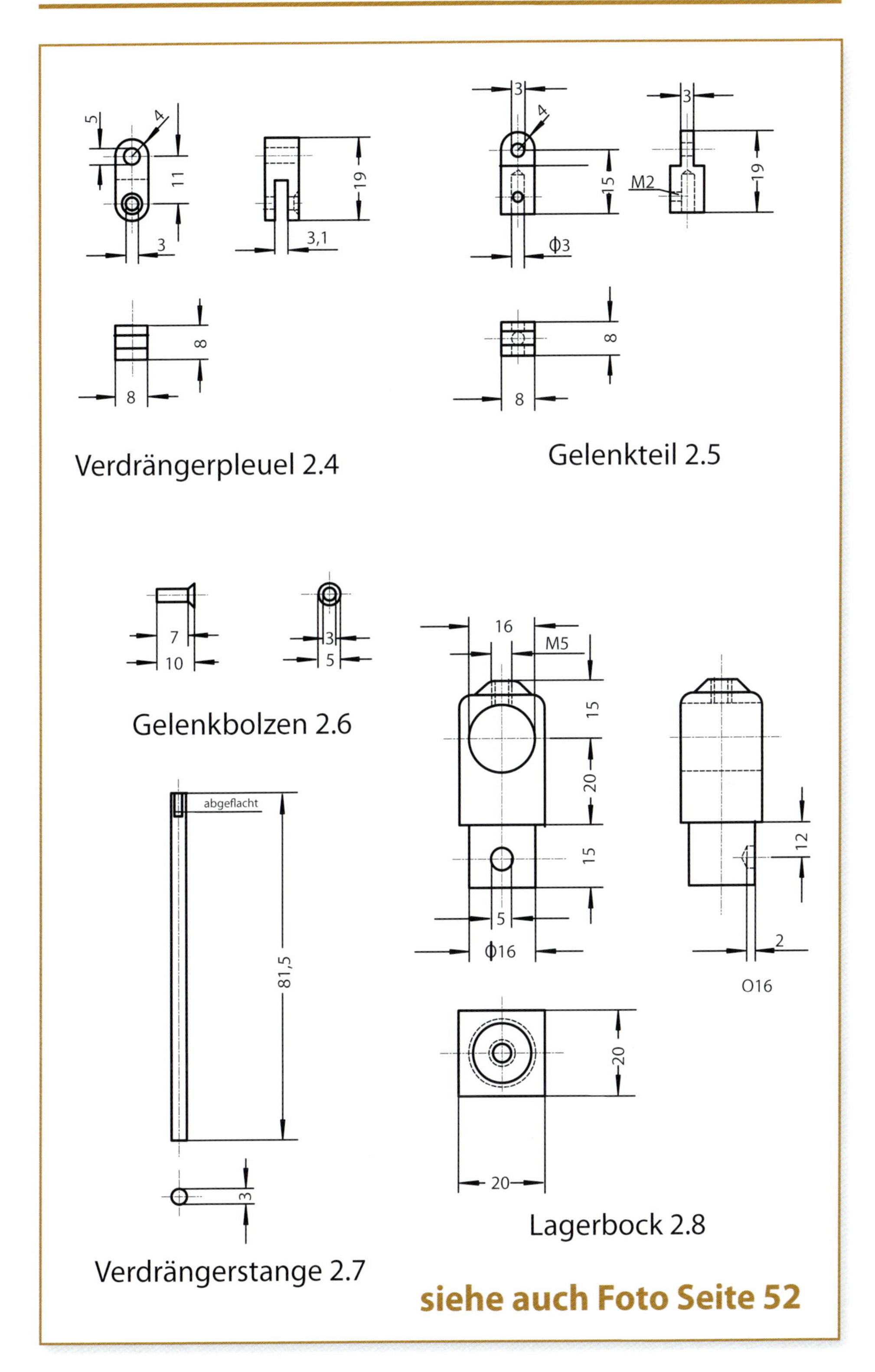

Verdrängerpleuel 2.4

Gelenkteil 2.5

Gelenkbolzen 2.6

Verdrängerstange 2.7

Lagerbock 2.8

siehe auch Foto Seite 52

Vorgelegewelle mit Zahnrädern

Modulfräserdrehen nach Musterzahnrad

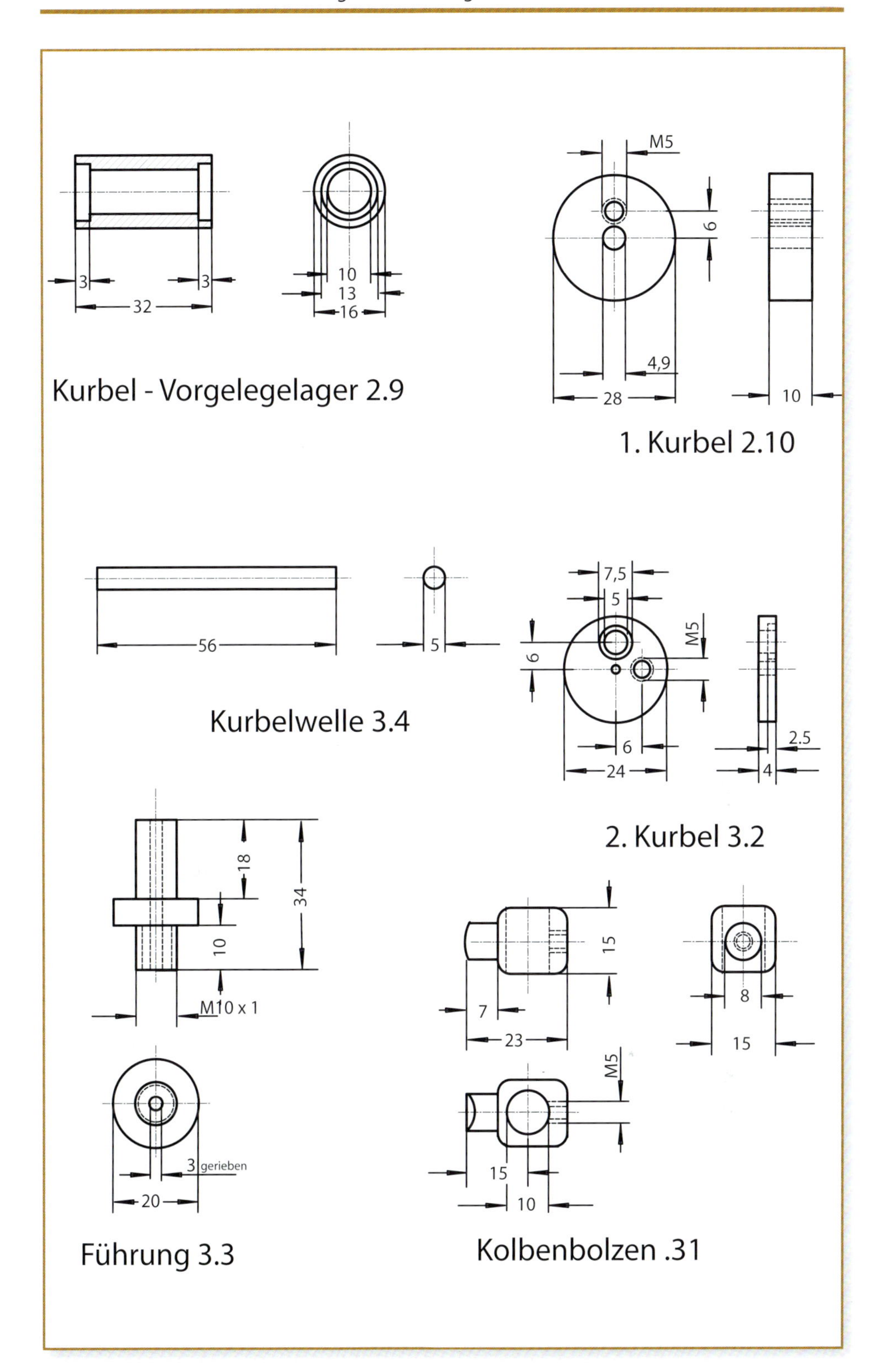
3
3
32
10
13
16
Kurbel - Vorgelegelager 2.9
M5
6
4,9
28
10
1. Kurbel 2.10
56
5
Kurbelwelle 3.4
7,5
5
M5
6
6
24
2.5
4
2. Kurbel 3.2
18
34
10
M10 x 1
3 gerieben
20
Führung 3.3
15
7
23
8
15
M5
15
10
Kolbenbolzen .31

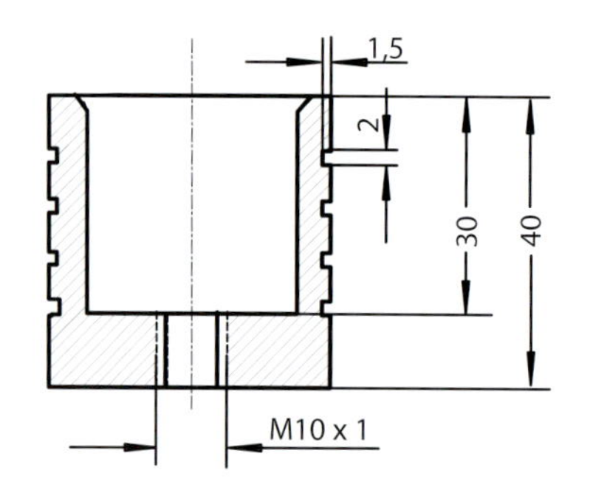

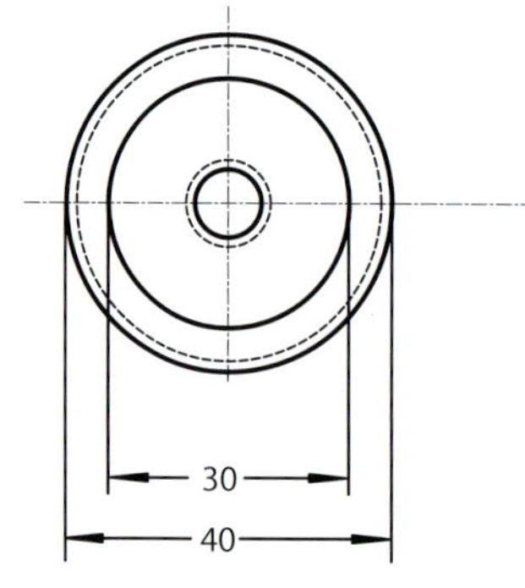

Arbeitskolben 3.0

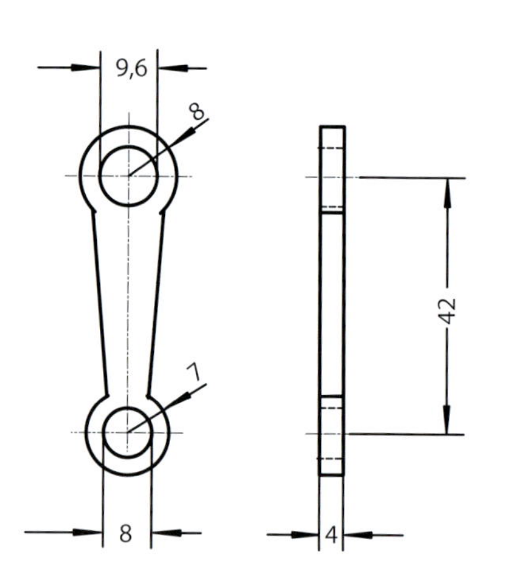

Arbeitspleuel 3.5

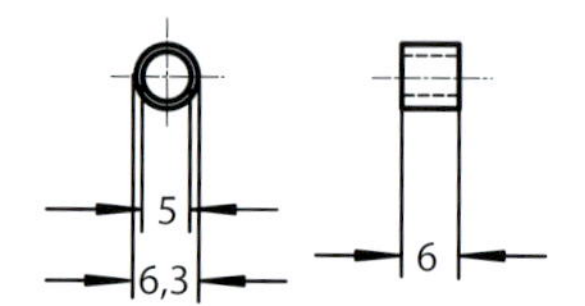

Hülse 3.8

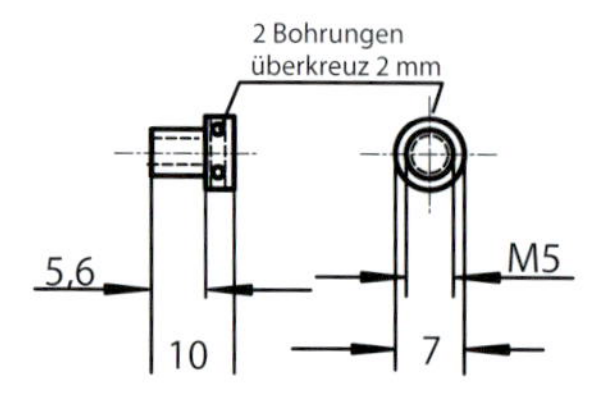

Klemmschraube 3.7

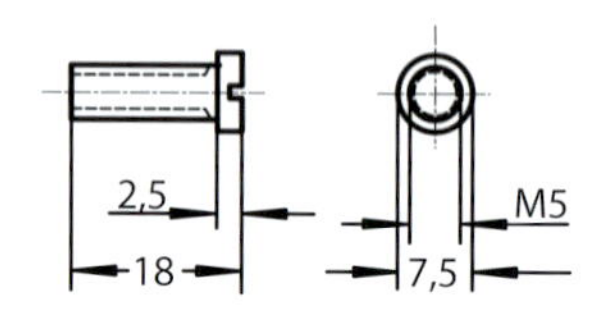

1. Kurbelzapfen 3.6

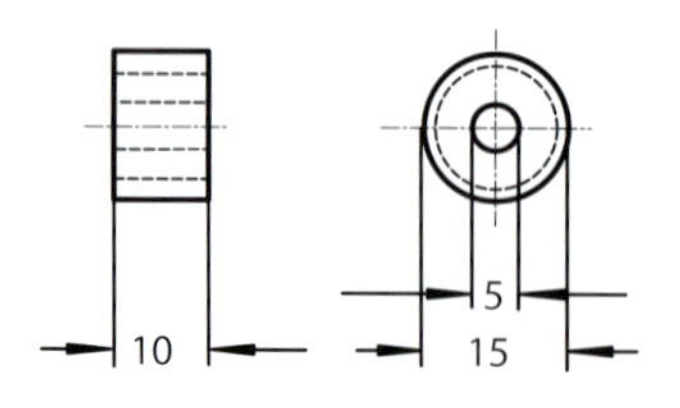

2. Zahnrad 4.4

8 Zähne m 1,5

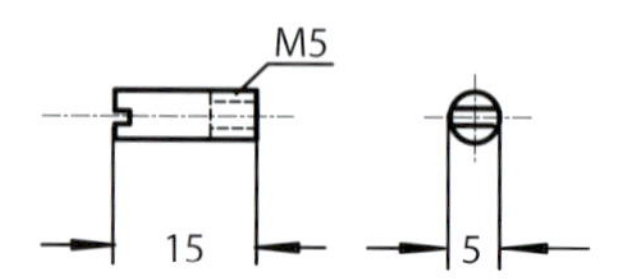

2. Kurbelzapfen 3.9

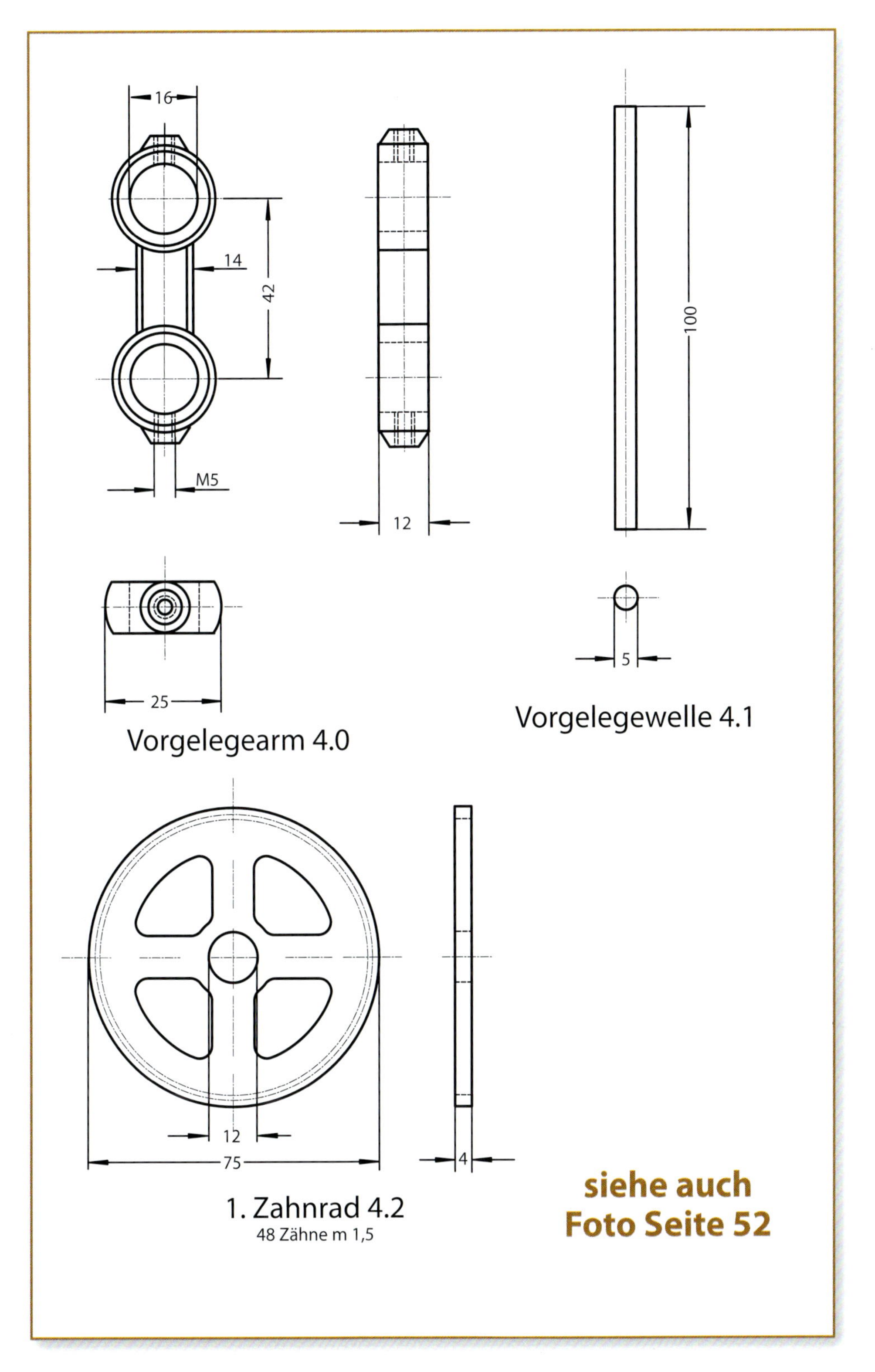

Vorgelegearm 4.0

Vorgelegewelle 4.1

1. Zahnrad 4.2
48 Zähne m 1,5

siehe auch Foto Seite 52

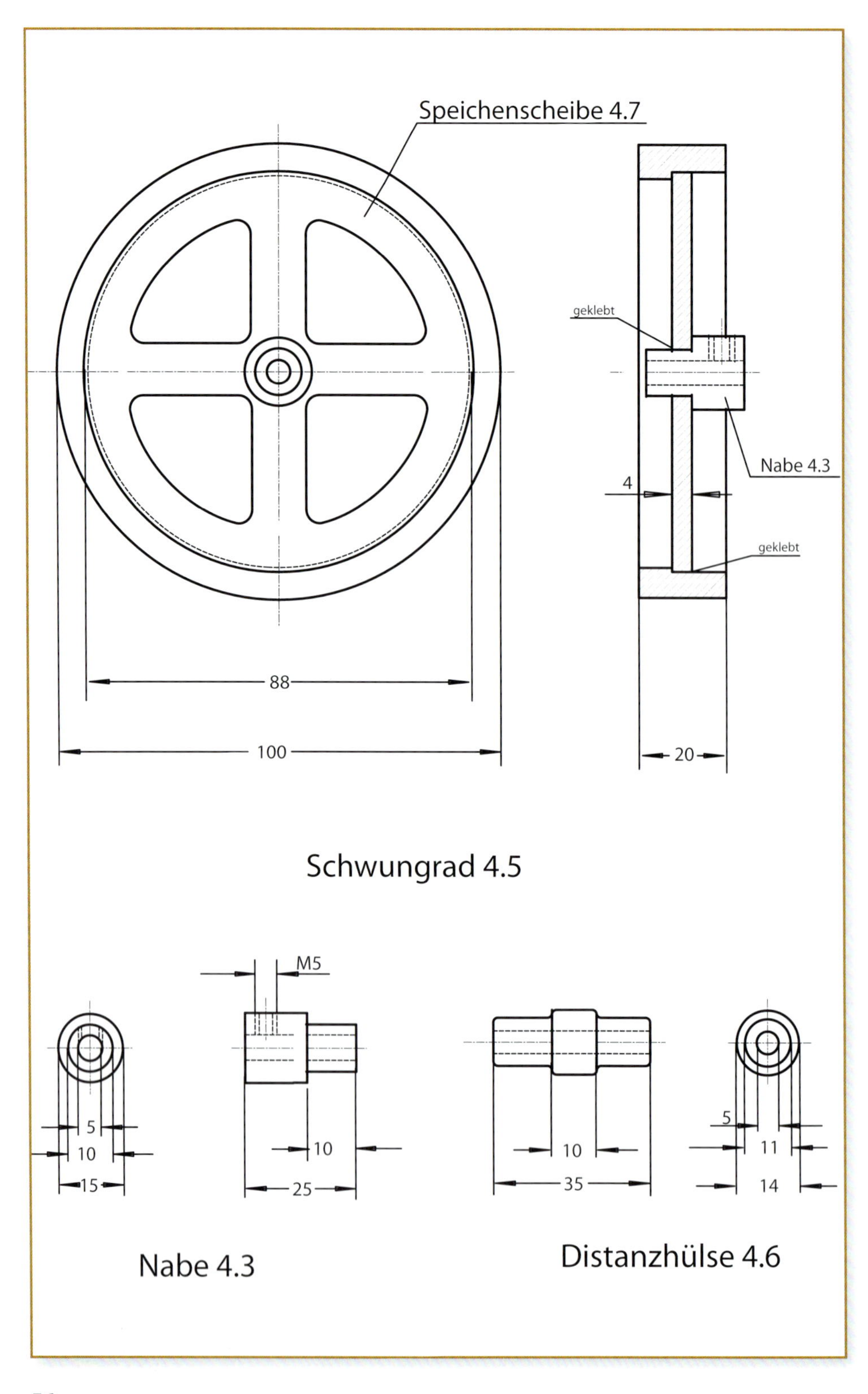
Speichenscheibe 4.7
geklebt
Nabe 4.3
4
geklebt
88
100
20
Schwungrad 4.5
M5
5
10
15
10
25
10
35
5
11
14
Nabe 4.3
Distanzhülse 4.6

Schlitze in Schraubenköpfe fräsen

Die Herstellung von Schrauben wird notwendig, wenn die handelsüblichen Schrauben zu klassischen Modellen aus optischen Gründen nicht passen. Heute ist fast alles, was man im Handel antrifft, verzinkt und die Köpfe haben einen Kreuzschlitz. Also ist Selbermachen angesagt. Drehen und Gewindeschneiden machen keine Schwierigkeiten. Anders das Einbringen eines sauberen ordentlichen Schlitzes für den Schraubendreher. Die schönste Schraube wird durch Einsägen des Schlitzes von Hand meistens verdorben.

Mit dieser Vorrichtung zum Einspannen der fertigen Schrauben und einem entsprechenden Kreissägeblatt macht das Arbeiten sogar Spaß, weil es schnell geht und der Schraubenkopf professionell aussieht. Mit einem Handgriff ist die Schraube ein- und wieder ausgespannt.

Die bis auf den Schlitz fertig bearbeitete Schraube wird in eine Bohrung gesteckt und nur mit einer M4-Kunststoffschraube festgeklemmt. Die Vorrichtung wird auf dem Support aufgespannt und das Sägeblatt mit dem Schaft in das Drehbankfutter gespannt, siehe Foto.

Da der Schlitz genau in der Mitte der Schraube gesägt wird, erhält die Schraube kein Drehmoment, und die Klemmung ist vollkommen ausreichend.

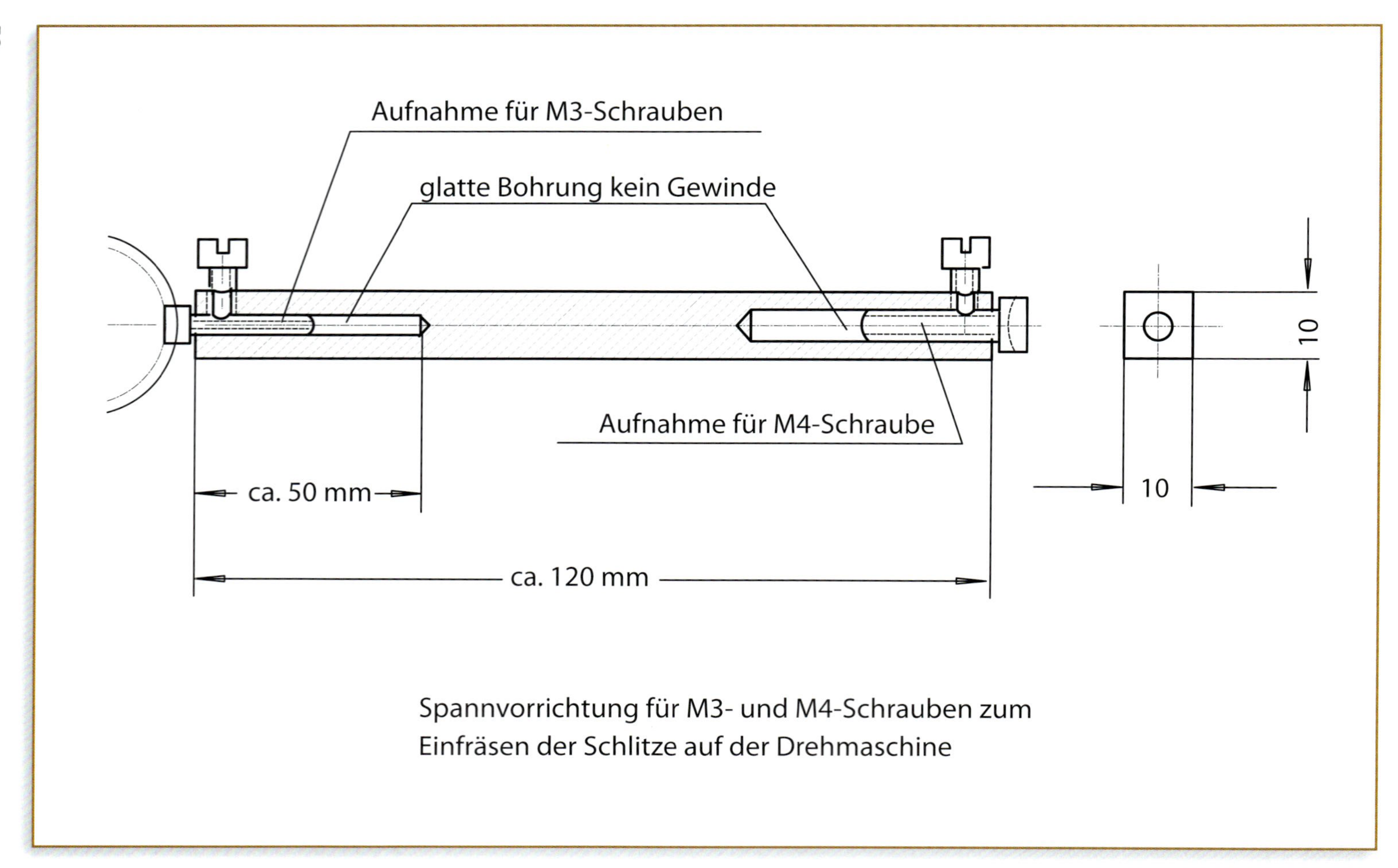

Spannvorrichtung für M3- und M4-Schrauben zum Einfräsen der Schlitze auf der Drehmaschine

Der Stirlingmotor SM 29

Der Stirlingmotor SM 29

Technische Daten:

Arbeitskolbendurchmesser:	40 mm
Arbeitskolbenhub:	12 mm
Hubvolumen:	15 cm^2
Verdrängerdurchmesser:	80 mm
Verdrängerkolbenhub	12 mm
Verdrängervolumen:	60 cm^2

Das Konstruktionsziel bei dem SM 29 war, einen kräftigen Motor zu entwerfen, der sehr niedrig baut und trotzdem genügend Kraft besitzt, um kleine Antriebsarbeiten zu übernehmen. Daraus resultierte ein kurzhubiger Motor mit relativ großem Durchmesser von Arbeits- und Verdrängerkolben.

Die Gesamthöhe des Motors liegt bei ca. 170 mm. Würde man den Motor mit Gas bzw. Spiritus beheizen, könnte diese Höhe noch um mindestens 20 mm verringert werden, da diese Flammen nicht rußen und den Verdrängerboden sogar berühren sollten. Es bleibt ganz dem persönlichen Geschmack überlassen, ob eine Vorgelegewelle mit kleinem Schwungrad oder ein stattliches großes Schwungrad eingesetzt wird. Das kleine Schwungrad mit fast fünffacher Kurbelwellendrehzahl kann durch den Schwenkarm um ca. 200° geschwenkt werden und macht beim Laufen einen rasanten Eindruck.

Eingesetzt wird der Mustermotor als Antrieb für ein Musikspiel.

Die **Grundplatte 1.1** ist etwas abgesetzt, so dass zur Dekoration eine Festplatten-Aluscheibe aufgelegt werden kann.

Der 70 mm hohe **Windschutz 1.2** dient dem ganzen Motor als Unterbau und ist mit kleinen Winkelstücken, die an dem Blech angenietet sind, unten und oben verschraubt. Es empfiehlt sich, die Luftschlitze vor dem Kanten einzuarbeiten.

Für die Herstellung des **Verdrängerzylinders 1.7** wurde ein handelsübliches Edelstahlrohr vom Installateur verwendet.

Der Verdrängerkolben ist aus mehreren Teilen zusammengestellt, die nur durch Heftstellen miteinander verbunden sind, da er nicht luftdicht sein muss. Auch bei diesem Motor läuft ein Stahlkolben in einem Stahlzylinder mit gutem Ergebnis.

Frühere Versuche an Motoren mit kleinen verschließbaren Öffnungen im Verdrängerraum haben gezeigt, dass durch kleinste Undichtigkeiten die

Maschinchen gar nicht oder nur sehr schlecht laufen. Bei dem SM 29 ist darauf zu achten, dass Arbeits-Verdrängerzylinder gut am **Grundkörper 3.1** abgedichtet sind. Pappdichtungen sollte man vor dem Einölen erst mal gut trocknen, da Pappe viel Feuchtigkeit enthalten kann.

Die **2. Kurbel 4.5** hat auf ihrem Umfang eine zwei Millimeter dicke Sackbohrung. Da das Bauteil sehr klein ist, kann beim Anziehen der Kurbelzapfen-Schraube ein Stift zum Festhalten eingesteckt werden. Bei dem Mustermotor ist die **5.8 Schwungradfelge** aus einem dickwandigen Rohr gefertigt, so dass die **Nabe 5.9** und die **5.10 Speichen** notwendig wurden. Wird das Teil aus dem Vollen gedreht, entfallen diese Teile natürlich.

Falls in der „Zahnradkiste" andere Zahnräder zu finden sind als im Zeichnungssatz, muss der **Verbindungssteg 5.1** dafür ausgelegt werden. Ein entsprechender Riementrieb ist hier eine Alternative.

Noch ein kleiner Tipp für die Zahnradübersetzung. Bei den kleinen Modulen kann es schon einmal passieren, dass der Achsabstand nicht genau hingekommen ist, z. B. dass die Zähne klemmen, deshalb muss nicht gleich der Verbindungssteg neu angefertigt werden. Besser und einfacher ist ein Vorgelegelager herzustellen, in dem die Kugellagersitze außen mittig angeordnet sind. Durch Beilegen eines Blättchens unter einem Spannbacken ist das sehr einfach auszuführen. Bei der Montage kann dann durch Drehen des ganzen Lagers ein beliebiger Achsabstand eingestellt werden.

Montageanleitung

Zuerst wird das Oberteil des Motors zusammengebaut. **Arbeitszylinder 3.2** mit Dichtung am **Grundkörperer 3.1**, **Verdrängerkolben 1.8** mit **Verdrängerzylinder 1.6** am **Grundkörper 3.1.** Jetzt steht die Einheit bereits auf dem Zylinderboden. Als Nächstes wird der **Windschutz 1.2** mit zwei Holzschrauben mit der Grundplatte verbunden. Jetzt kann das Oberteil auf den Windschutz gestellt und mit zwei Schrauben am Flansch befestigt werden. Nun wird der **Lagerbock 3.4** montiert und danach alle Kurbelteile. Etwas gewöhnungsbedürftig ist vielleicht die Befestigung mit dem Flansch, aber das ergibt eine gute Wärmeableitung.

Jetzt noch an alle Gleitflächen einige Tropfen feines Öl geben, und dann muss das Ding laufen. Ich wünsche Ihnen ein gutes Gelingen und viel Freude bei der Arbeit.

Stückliste für Stirlingmotor SM 29 – Teil 1

Pos.	Stück	Benennung	Werkstoff	Maße in mm
1.1	1	Grundplatte	Holz	12 x 110 x 110
1.2	1	Windschutz	Alu	1,5 x 70 x 160
1.3	1	Brennerhalter	Stahl	1 x 65 x 70
1.4	1	Klemmschraube	Messing	Ø 10 x 16
1.5	1	Flansch	Alu	3 x 100 x 100
1.6	1	Verdrängerzylinder	Edelstahl	Rohr Ø 76,5 x 1,5 x 30
1.7	1	Zylinderboden	Edelstahl	Bl. 0,5 x 80 x 80
1.8	1	Verdrängerkolben	Stahl	Bl. 1,5 x 80 x 80
1.9	1	Kolbenboden	Stahl	Bl. 2 x 75 x 75
1.10	1	Kolbenhemd	Stahl	Bl. 1,5 x 16 x 250
2.0	1	Verstärkung	Messing	Ø 12 x 4
2.1	1	Stange	Stahl	Ø 3 x 65
2.2	1	Stab	Stahl	Ø 3 x 40
2.3	1	Kurbelzapfen	Stahl	Ø 6 x 15
2.4	4	Winkel	Stahl	Bl. 1,5 x 12 x 20
2.5	1	Halter	Stahl	Ø 10 x 18
2.6	6	Schraube	Stahl	M 3 x 15
3.1	1	Grundkörper	Alu	Ø 96 x 18
3.2	1	Arbeitszylinder	Stahl	Ø 60 x 55
3.3	1	Arbeitskolben	Stahl	Ø 40 x 40
3.4	1	Lagerbock	Stahl	8 x 25 x 55
3.5	1	Kurbelwellenlager	Stahl	Ø 18 x 25
3.6	1	Kurbelwelle	Stahl	Ø 5 x 60
3.7	1	1. Kurbelwange	Stahl	4 x 10 x 16
3.8	1	Führung	Messing	Ø 10 x 36
3.9	1	Kolbenbolzen	Messing	Ø 10 x 25
3.10	1	Arbeitspleuel	Stahl	15 x 4 x 60
3.11	2	Kugellager		Ø 13 x 5 x 3

Stückliste für Stirlingmotor SM 29 – Teil 2

Pos.	Stück	Benennung	Werkstoff	Maße in mm
4.1	1	Verdrängerpleuel	Stahl	15 x 4 x 30
4.2	2	Kugellager		Ø 10 x 3 x 3
4.3	1	Gabelkopf	Messing	Ø 8 x 14
4.4	3	Pratze	Stahl	1,5 x 12 x 20
4.5	1	2. Kurbelwange	Stahl	4 x 20 x 20
5.1	1	Verbindungssteg	Stahl	8 x 25 x 60
5.2	1	Vorgelegelager	Stahl	Ø 12 x 25
5.3	1	Vorgelegewelle	Stahl	Ø 5 x 90
5.4	1	Stellring	Stahl	Ø 10 x 6
5.5	2	Kugellager		Ø 9 x 5 x 3
5.6	1	1. Zahnrad	Stahl/	
			Kunststoff	70 Zähne m 0,5
5.7	1	2. Zahnrad	Stahl/	
			Messing	15 Zähne m 0,5
5.8	1	Schwungradfelge	Stahl	Ø 55 x 10
5.9	1	Nabe	Stahl	Ø 12 x 15
5.10	6	Speiche	Stahl	Ø 4 x 20
5.11	1	Klemmschraube	Messing	M 2 x 4

Zeichnungen SM 29

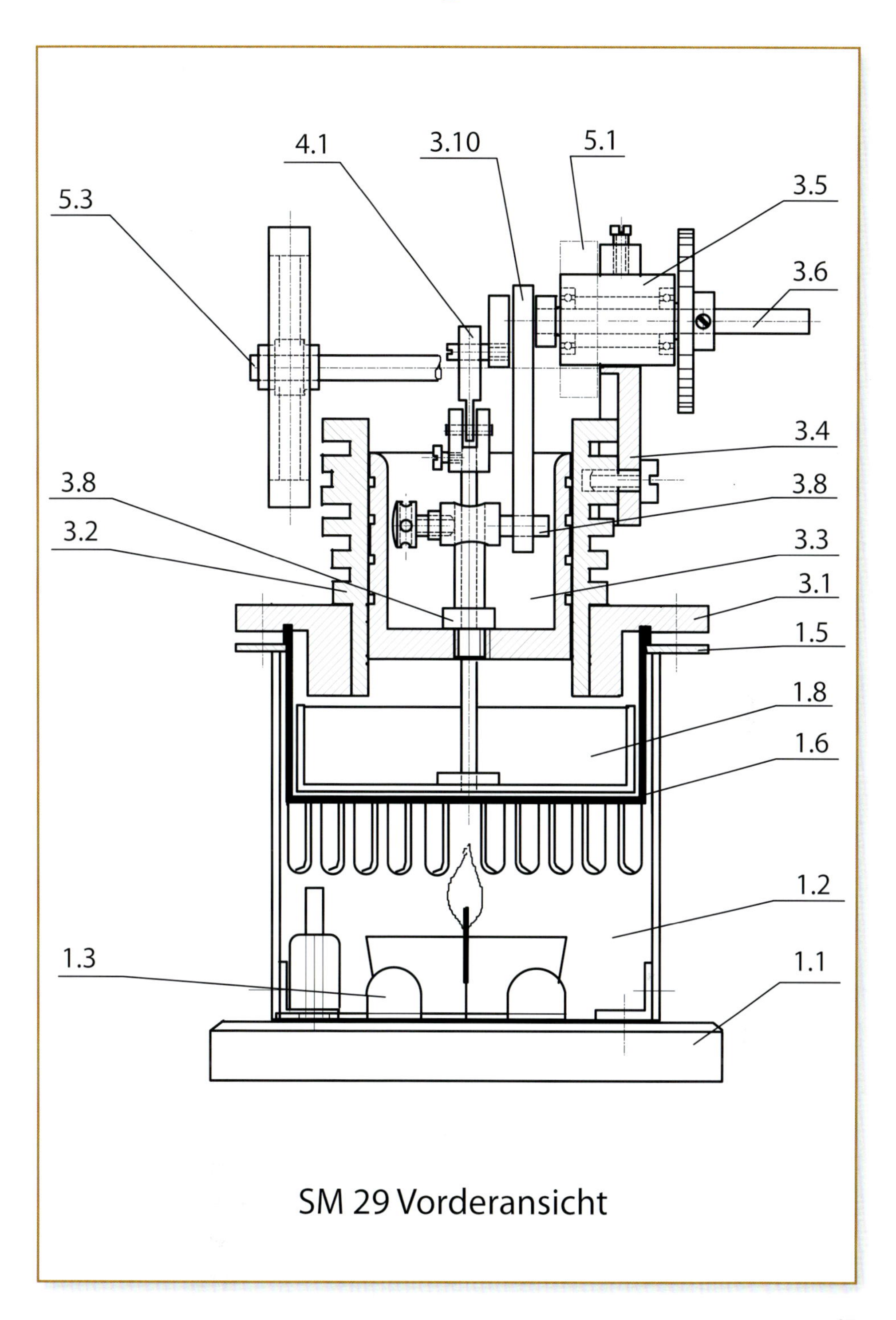

SM 29 Vorderansicht

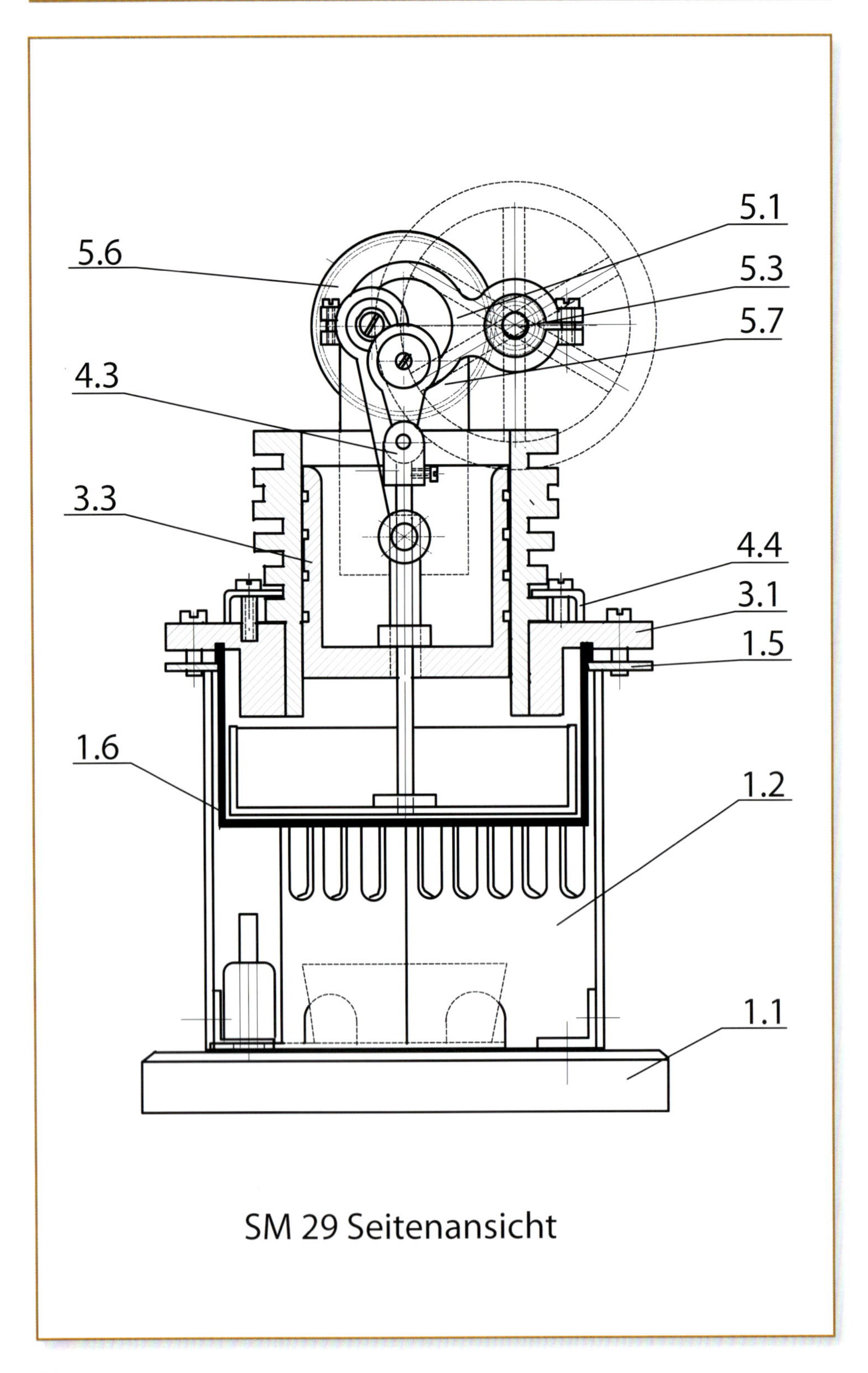

SM 29 Seitenansicht

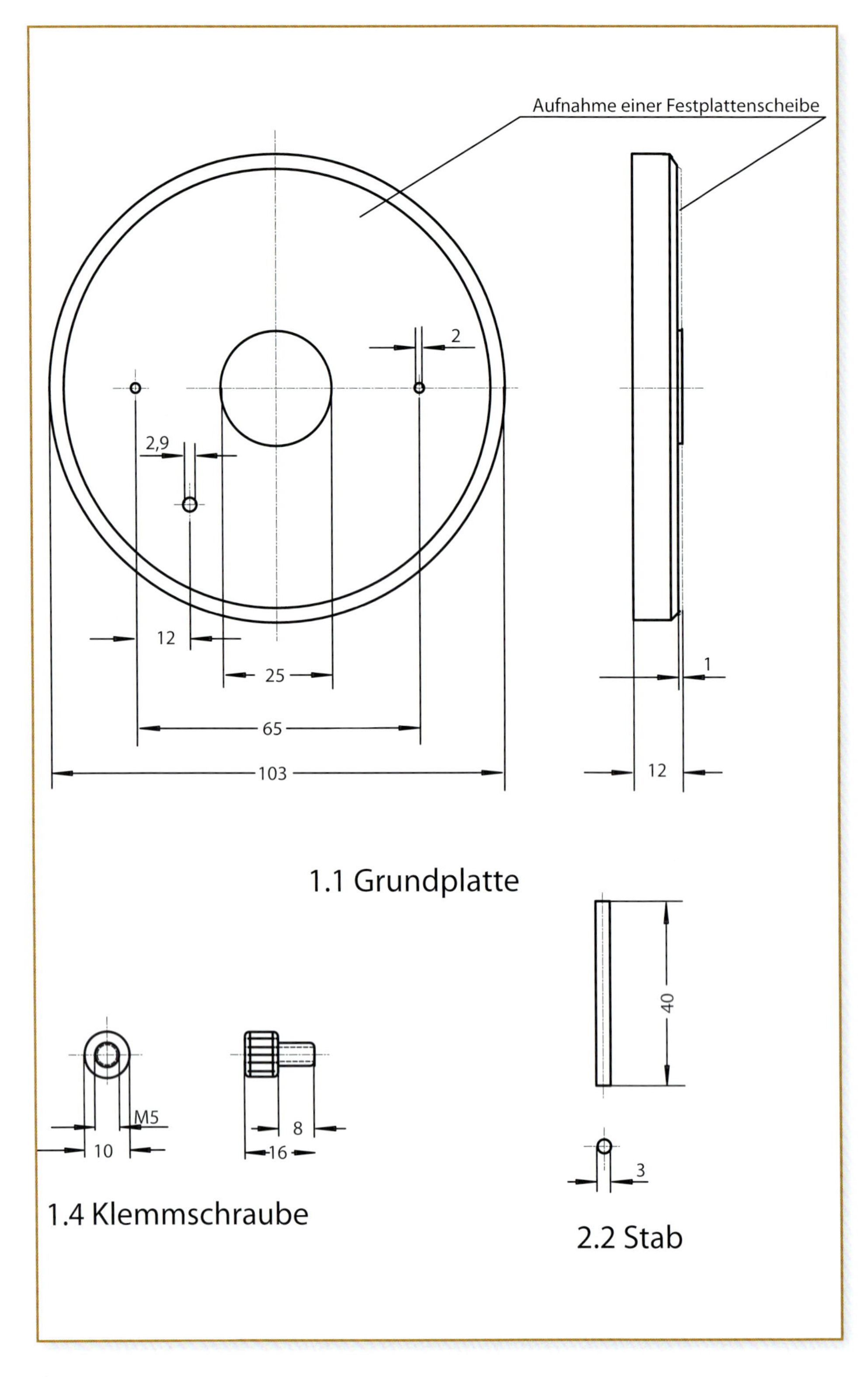
Aufnahme einer Festplattenscheibe
2
2,9
12
25
65
103
1
12
1.1 Grundplatte
40
M5
10
8
16
3
1.4 Klemmschraube
2.2 Stab

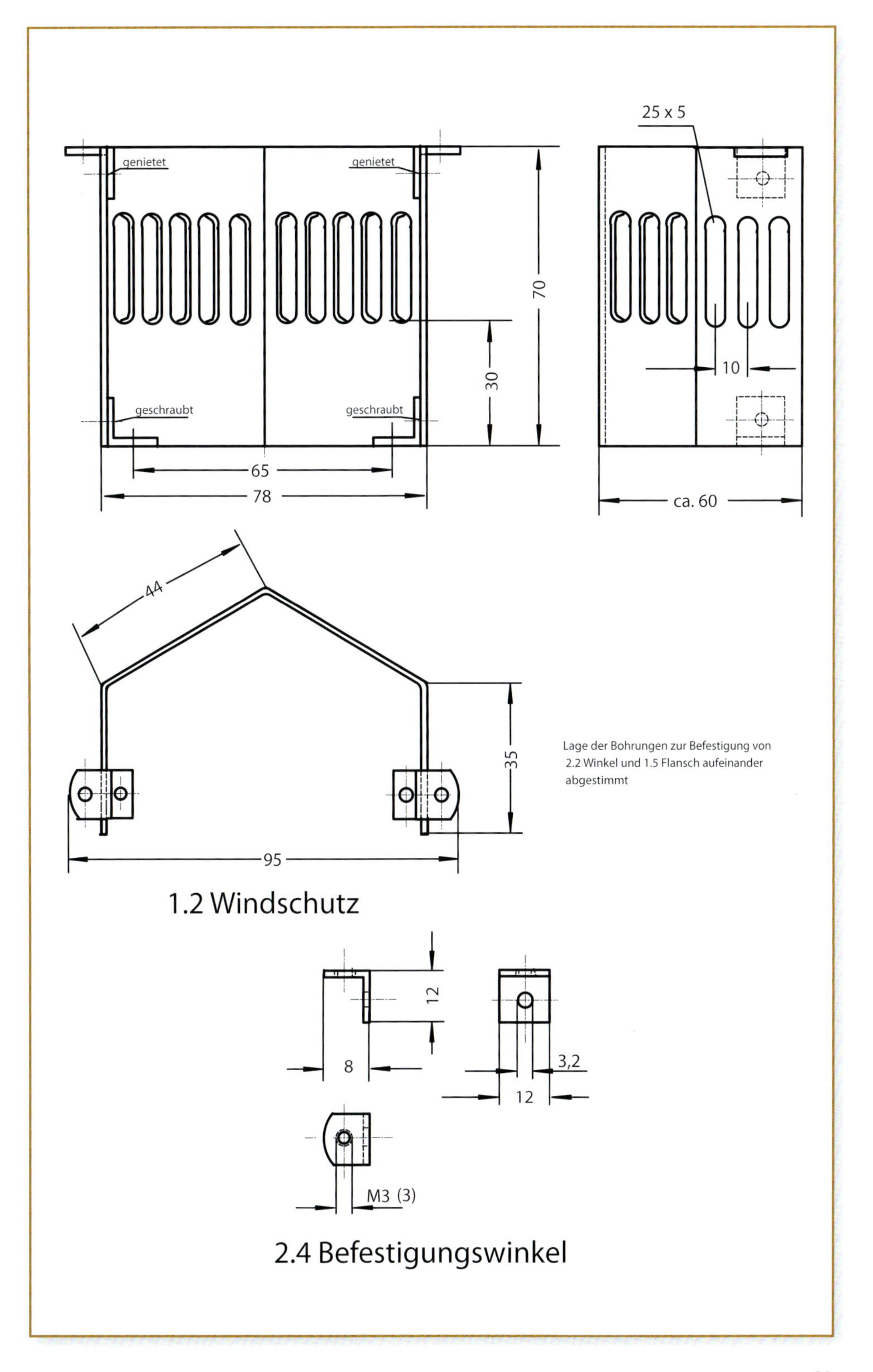

1.2 Windschutz

2.4 Befestigungswinkel

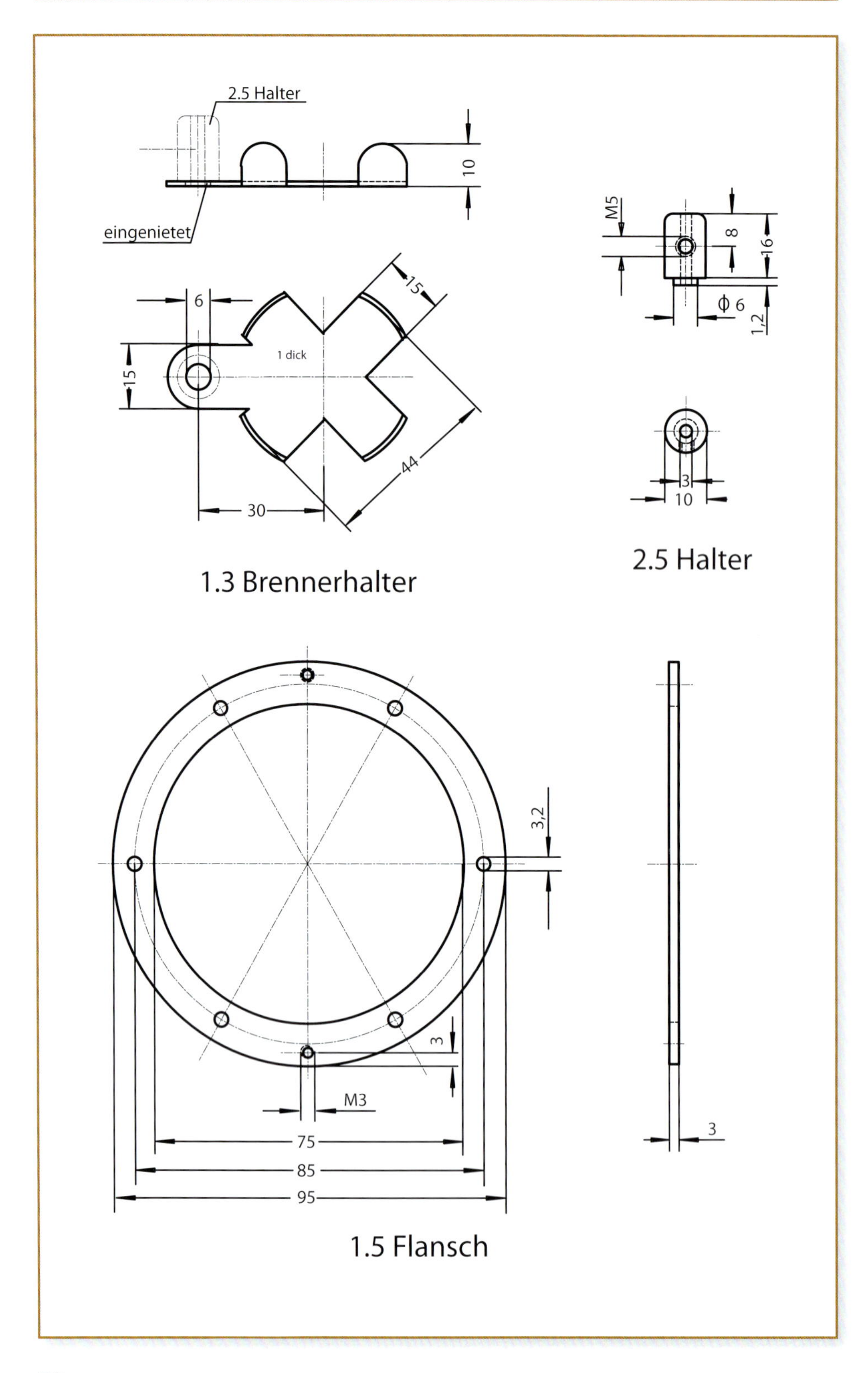
2.5 Halter
eingenietet
10
6
15
15
1 dick
44
30
1.3 Brennerhalter
M5
8
16
Φ 6
1,2
3
10
2.5 Halter
3,2
3
M3
75
85
95
3
1.5 Flansch

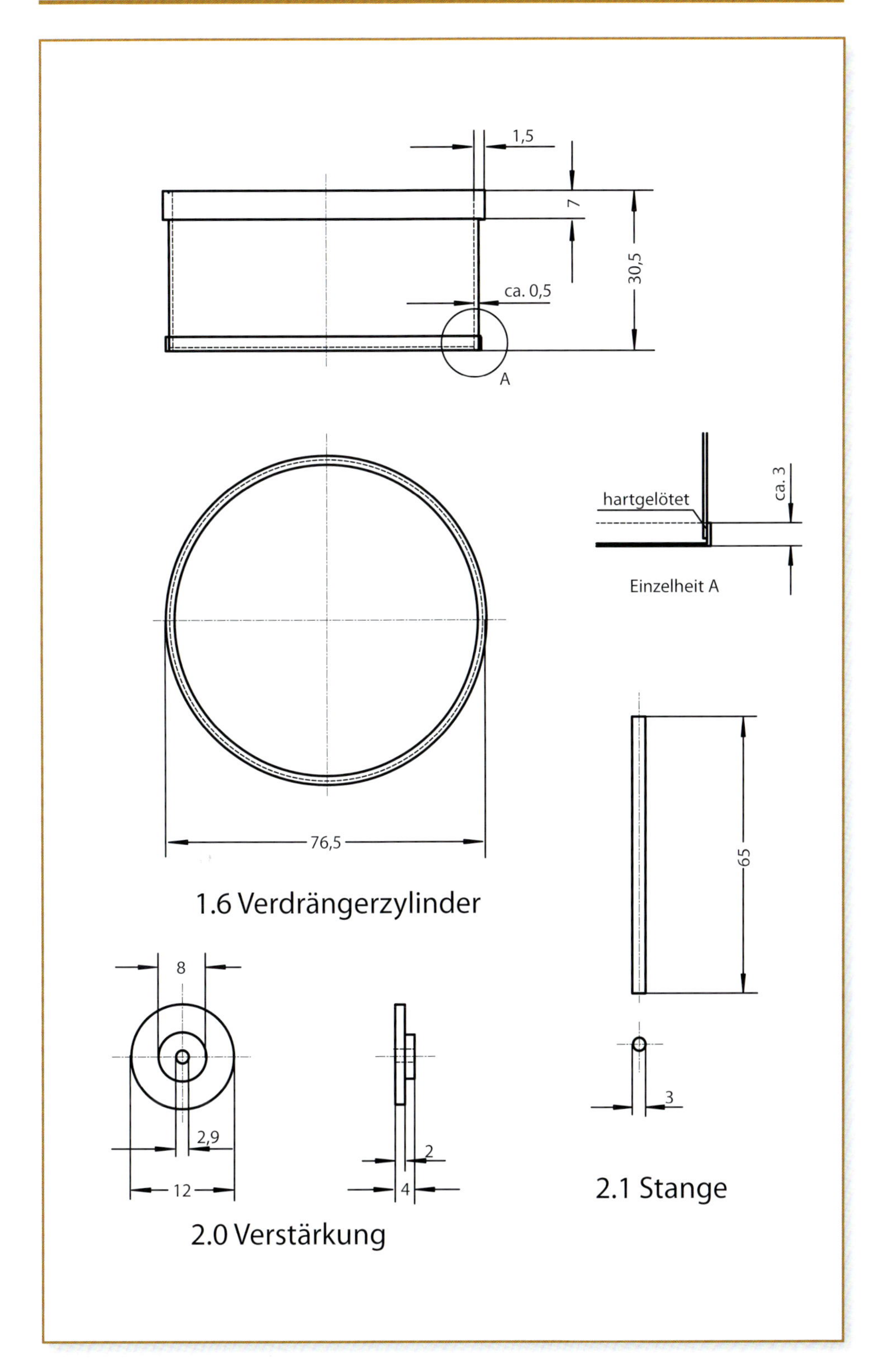

1.6 Verdrängerzylinder

2.0 Verstärkung

2.1 Stange

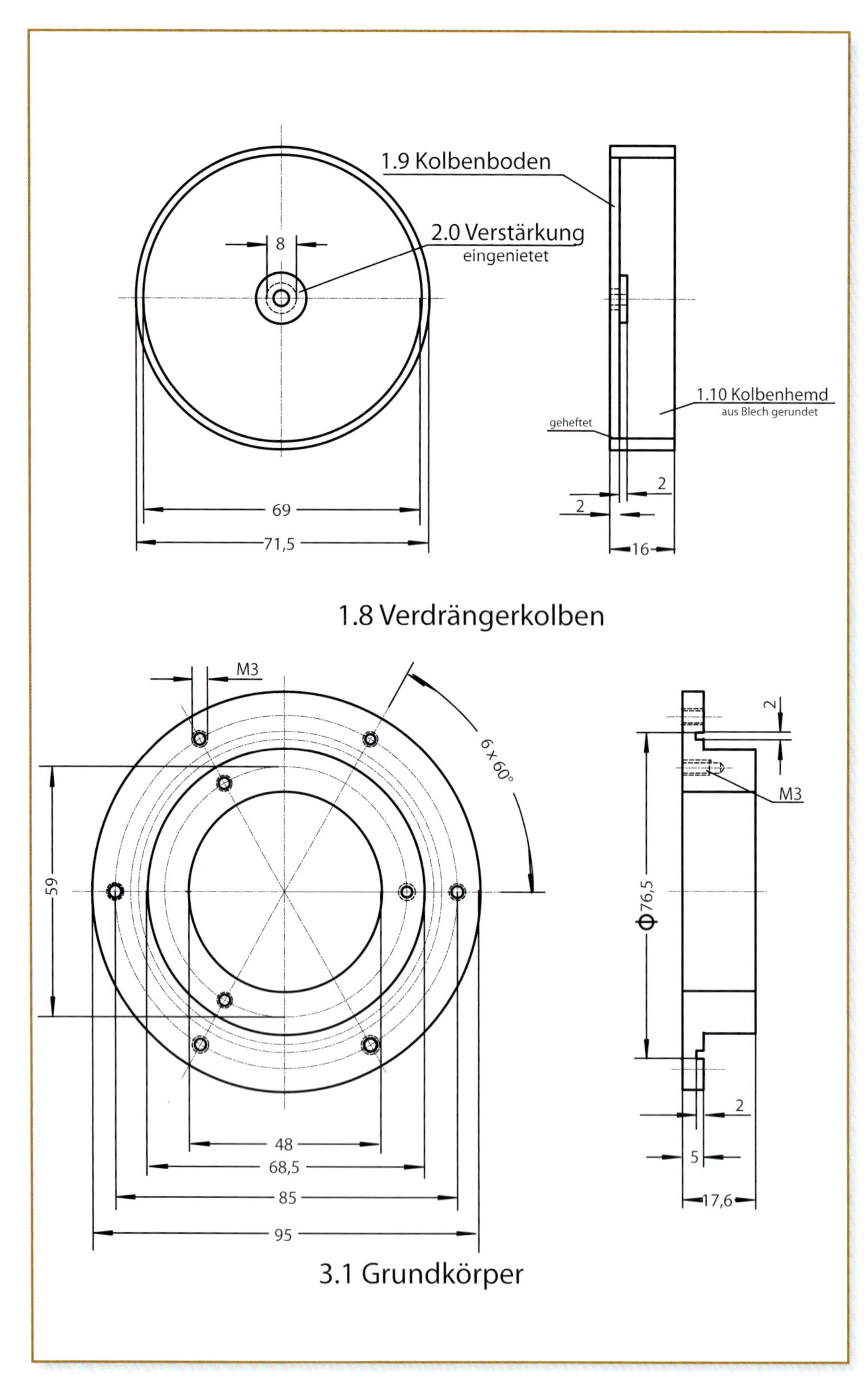

1.8 Verdrängerkolben

3.1 Grundkörper

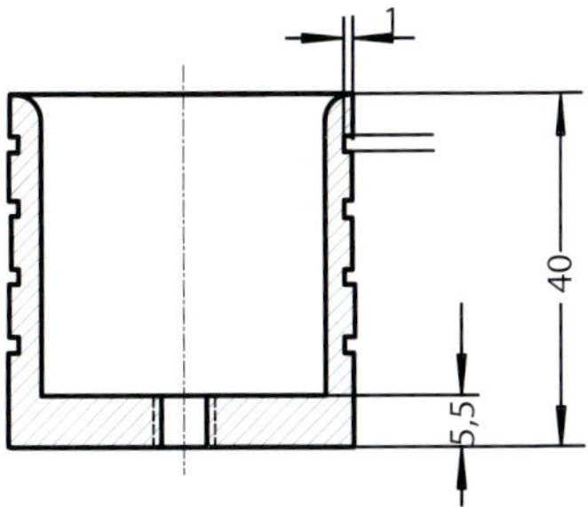

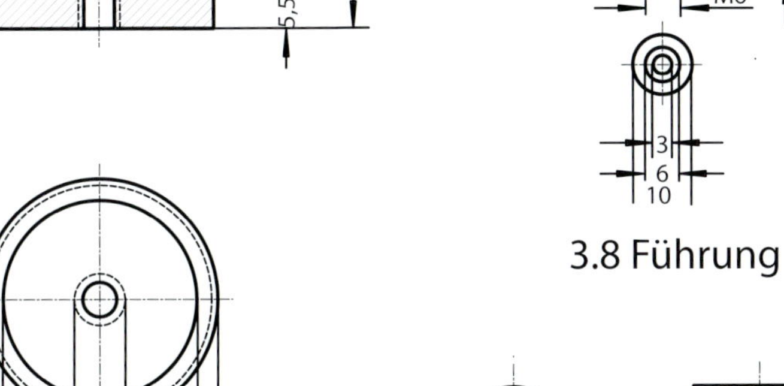

3.8 Führung

3.3 Arbeitskolben

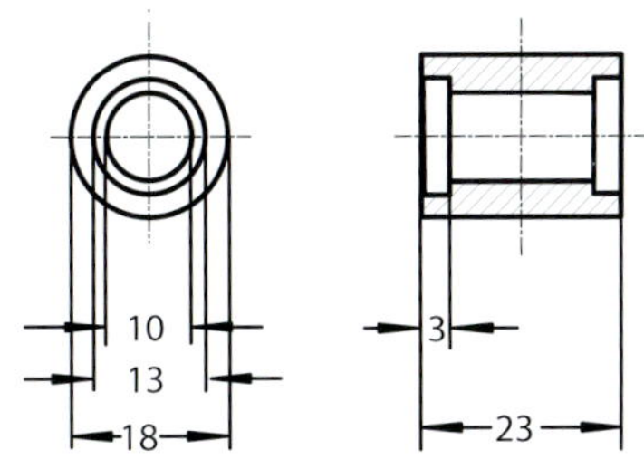

3.5 Kurbelwellenlager

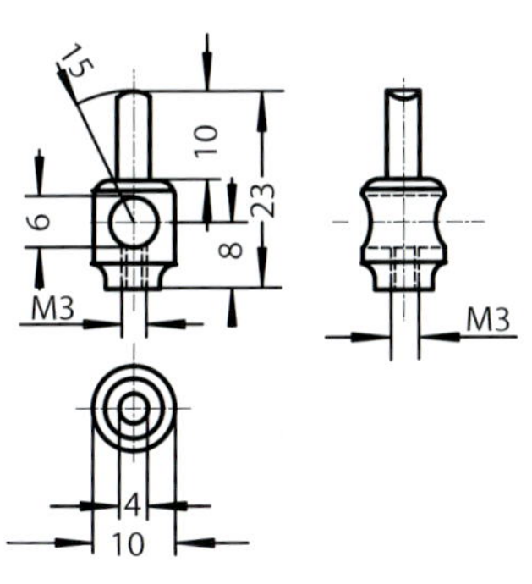

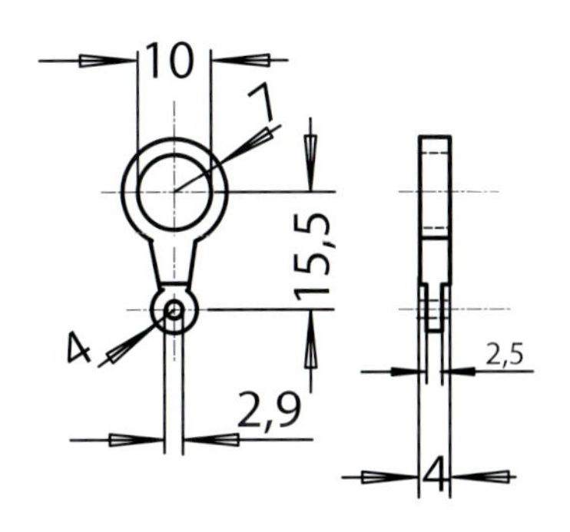

3.9 Kolbenbolzen

4.1 Verdrängerpleuel

siehe auch Foto Seite 74

Motoroberteil

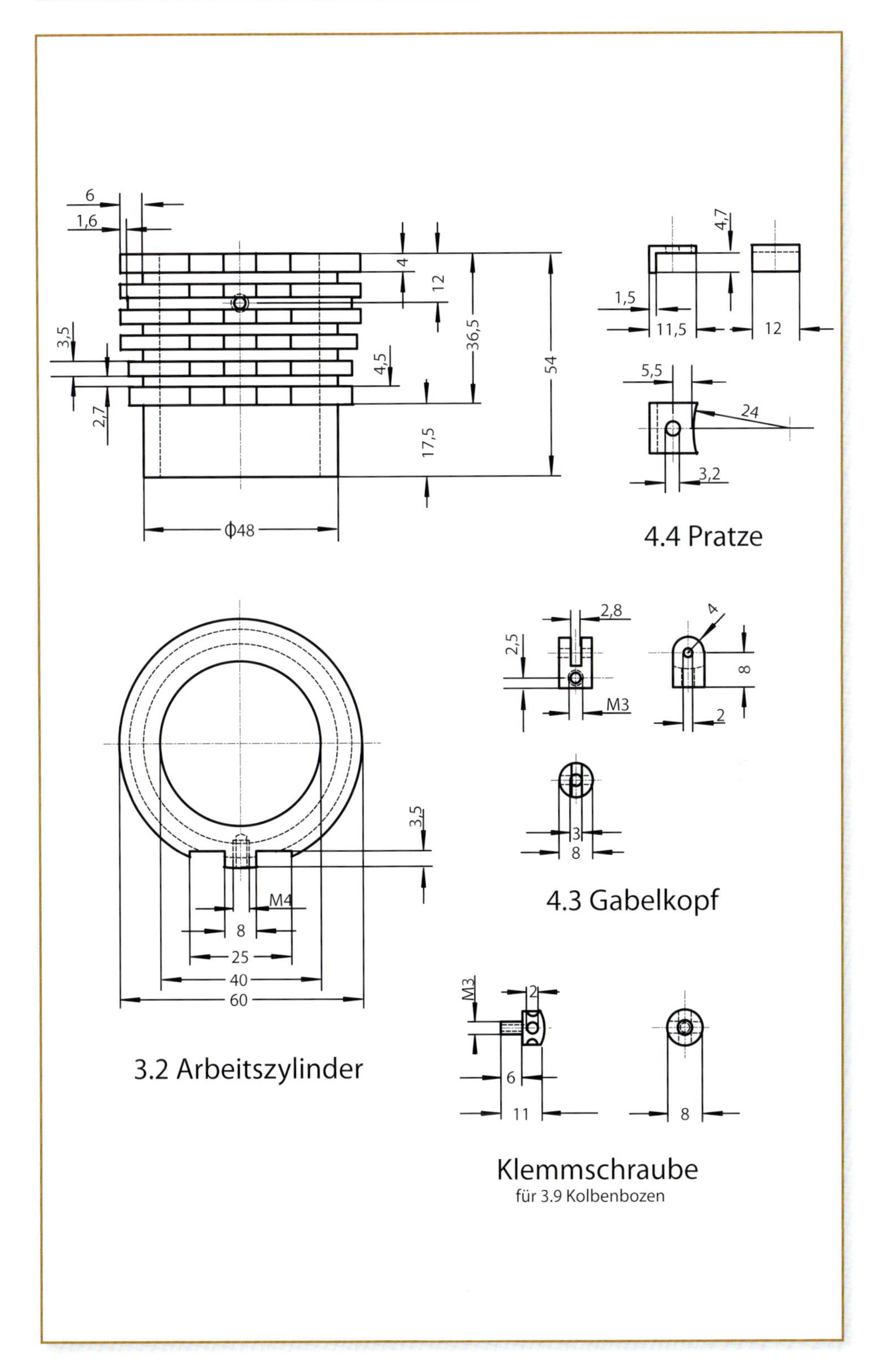
6
1,6
4
12
36,5
54
3,5
4,5
2,7
17,5
ϕ48
4,7
1,5
11,5
12
5,5
24
3,2
4.4 Pratze
2,8
2,5
4
8
M3
2
3
8
4.3 Gabelkopf
3,5
M4
8
25
40
60
3.2 Arbeitszylinder
M3
2
6
11
8
Klemmschraube
für 3.9 Kolbenbozen

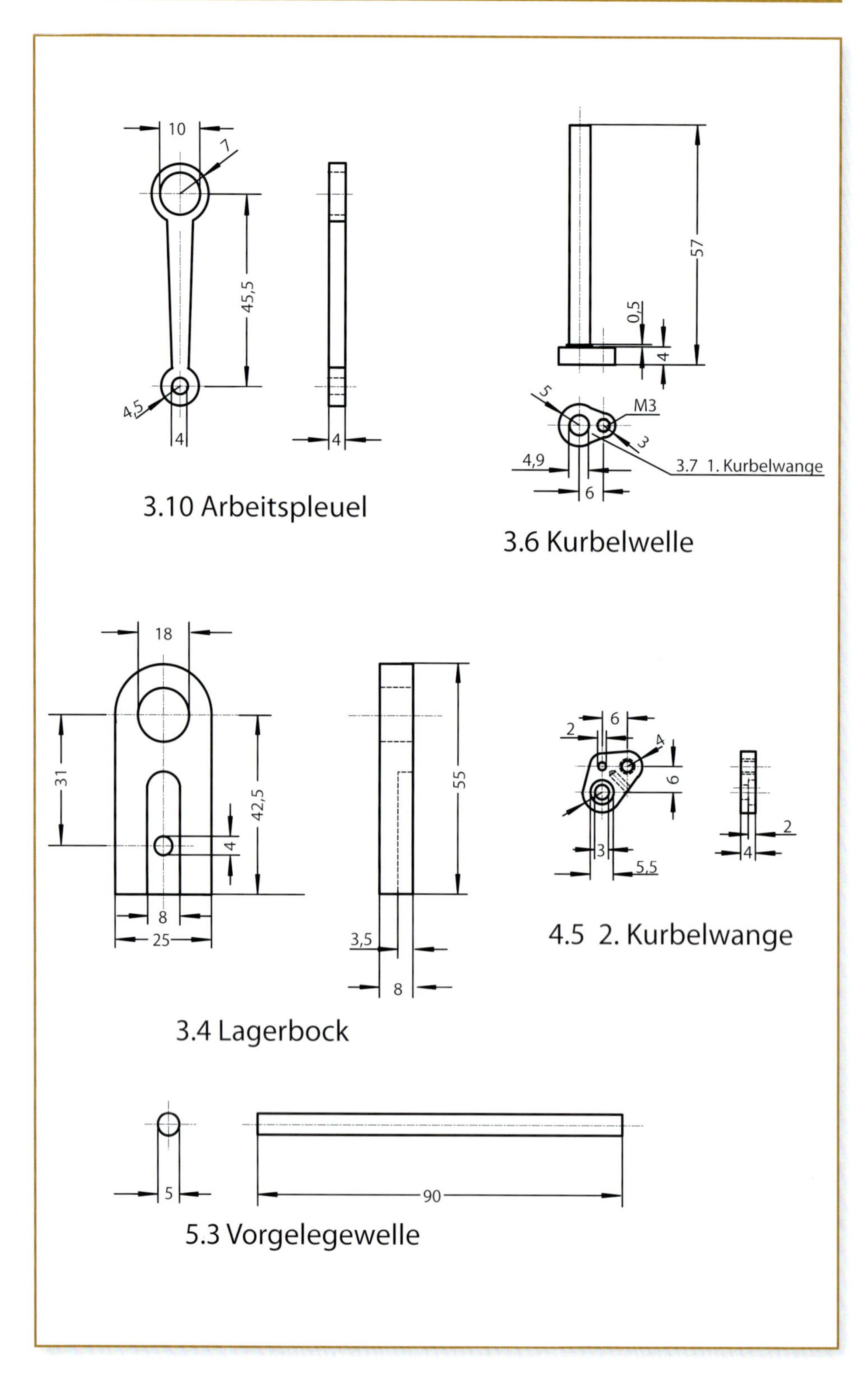

3.10 Arbeitspleuel

3.6 Kurbelwelle

3.4 Lagerbock

4.5 2. Kurbelwange

5.3 Vorgelegewelle

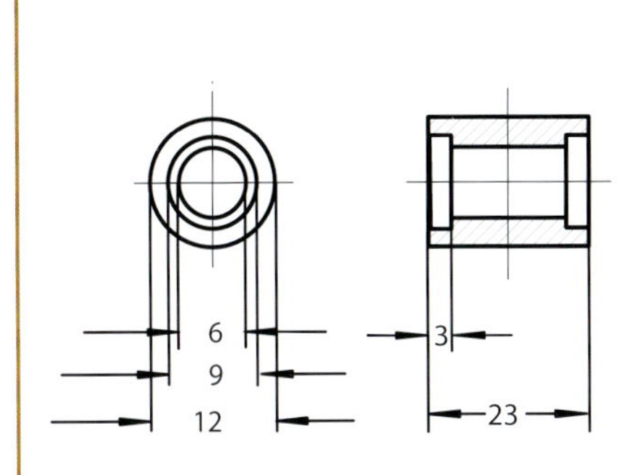

5.2 Vorgelegelager

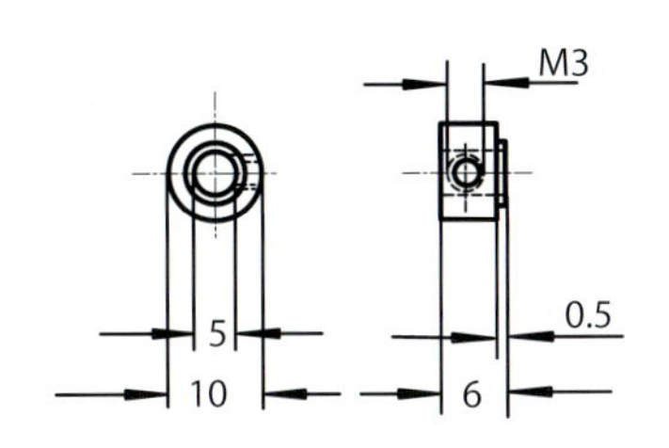

5.4 Stellring

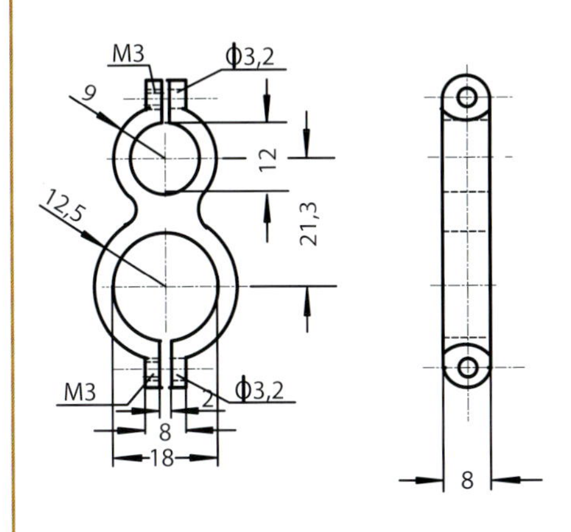

5.1 Verbindungssteg

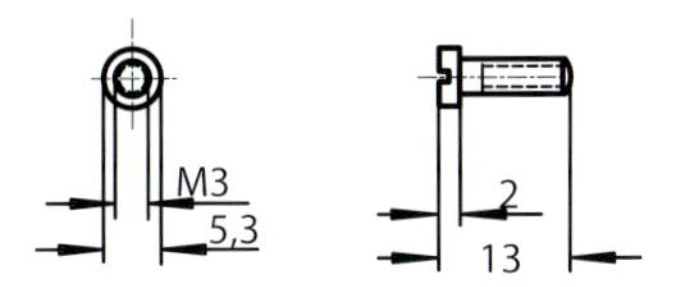

2.3 Kurbelzapfen

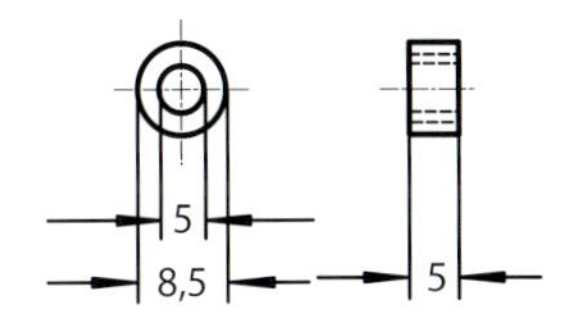

5.7 Zahnrad

15 Zähne m 0,5

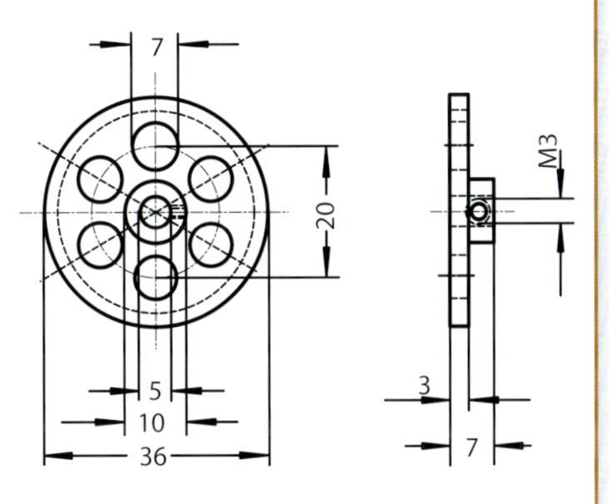

5.6 Zahnrad

70 Zähne m 0,5

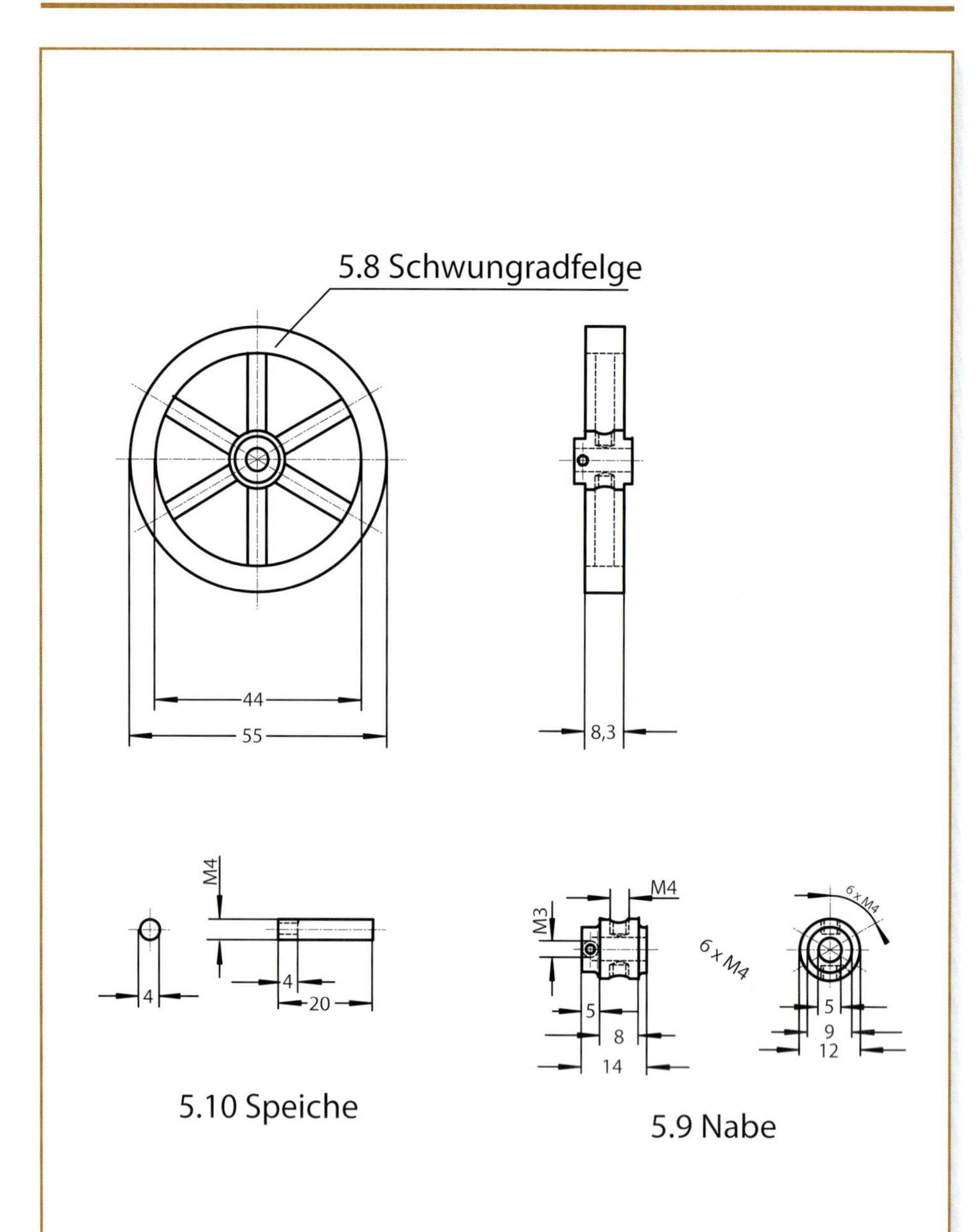
5.8 Schwungradfelge
44
55
8,3
M4
4
4
20
5.10 Speiche
M4
M3
6 x M4
6 x M4
5
8
14
5
9
12
5.9 Nabe

Der Stirlingmotor SM 32-2

Der Stirlingmotor SM 32-2

Der SM 32-2 ist die überarbeitete Ausführung des SM 32-1. Der Verdrängerzylinder ist hier aus Edelstahl gefertigt und dadurch thermisch hoch belastbar. Der Arbeitskolben hat bei diesem Motor einen größeren Durchmesser erhalten. Der Arbeitszylinder, der Arbeitskolben, die Pleuelstangen und das Schwungrad bestehen aus Plexiglas. Zur besseren Wärmeableitung besteht der obere Abschluss des Verdrängerraumes aus einer Aluminiumplatte, an der der Arbeitszylinder angeschraubt ist. Der Verdrängerkolben ist dreiteilig ausgeführt. Das Sperrholzfutter verbindet den kalten mit dem heißen Kolbenteller. Die leicht tiefgezogenen Teller sind durch Zweikomponenten-Kleber an dem Sperrholzfutter befestigt. Bei dem Mustermotor sind die Pleuellager mit Kugellagern bestückt. Man kann diese Lager auch als Gleitlager auslegen, weil der Werkstoff Polycarbonat (PC) oder Plexiglas mit den blanken Kurbelzapfen eine gute Gleitpaarung ist.

Das Schwungrad mit den 12 Stahlgewichten ist schwer genug, um den Motor sicher über die Totpunkte zu bewegen.

Über die Herstellung der Einzelteile muss hier nicht weiter eingegangen werden, weil sie keine besonderen Anforderungen an den Mechaniker stellen. Beim Einpassen des Arbeitskolbens in den Zylinder ist darauf zu achten, dass beide Teile die gleiche Temperatur haben. Das ist bei diesem Material besonders wichtig, weil der Ausdehnungskoeffizient von Plexiglas relativ hoch ist.

Bei der Herstellung des Verdrängerkolbens kann auf die Ausdrehung innen verzichtet werden, beide Möglichkeiten haben Vor- und Nachteile.

Zusammenbau

Zuerst werden die drei Säulen mit der Grundplatte verschraubt. Dann wird der **Brennerhalter 2** aufgesteckt und der Flansch auf die Säulen montiert. Von oben wird jetzt der **Verdrängerzylinder 7** in den **Flansch 6** gesteckt. Jetzt kann der **Verdrängerkolben 9** eingelegt werden. Der **Arbeitszylinder 13** wird mit der **Platte 14** verschraubt, und der Einstich in der Platte erhält eine Dichtung. Die Einheit Arbeitszylinder mit Aluplatte wird jetzt auf den **Verdrängerzylinder 7** gestellt und mit den M3-Schrauben befestigt. (Dieser Flansch stammt aus dem SM 32-1, wo diese 12 Schrauben notwendig waren, hier reichen auch sechs Schrauben aus.)

Nun wird der **Lagerbock 17** am **Arbeitszylinder 13** montiert und danach kommt die **Kurbelwelle 19** in den Lagerbock.

Der schon komplettierte **Arbeitskolben 22** mit der **Pleuelstange 29** wird in den **Zylinder 13** gesteckt, so dass die **Verdrängerstange 37** nach oben herausragt. Nach der Montage des **Verdrängerpleuels 30** muss noch der verschiebbare **Kolbenbolzen 27** eingestellt werden. Das **Gabelstück 31** darf die **Führung 25** beim Durchdrehen nicht berühren. Siehe auch Skizze zur Einstellung mit Text.

Ein kleines Erlebnis hatte ich mit diesem Motor: Als ich nach einer längeren Unterbrechung wieder zu dem laufenden Motor kam – ich hatte ihn ganz vergessen –, hatte sich das Teelicht mit dem Windschutz aus Alulochblech so stark erhitzt, dass Wachs verdampfte und eine sehr große Flamme entstand. Der Motor raste mit einer irrwitzigen Drehzahl, und das ganze Gerät war so heiß, das man außer dem Schwungrad nichts mehr anfassen konnte. Nach dem Abkühlen drehte der Motor mit einem neuen Teelicht wieder ruhig seine Runden.

Stückliste für Stirlingmotor SM 32-2 – Teil 1

Pos.	Stück	Benennung	Werkstoff	Maße in mm
1	1	Grundplatte	Plexiglas	
			(Acrylglas)	14 x 105 x 105
2	1	Brennerhalter	Stahl	Bl. 1,0 x 60 x 80
3	1	Klemmschraube	Stahl	M 4 x 20
4	3	Säule	Alu	Ø 8 x 95
5	6	Senkschraube	Stahl	M 4 x 15
6	1	Flansch	Alu	5 x 100 x 100
7	1	Verdrängerzylinder	Edelstahl	Rohr Ø 76 x 55
8	1	Zylinderboden	Edelstahl	Bl. 0,5 x 80 x 80
9	1	Verdrängerkolben		
10	2	Teller	Stahl	Bl. 0,6 x 80 x 80
11	1	Verstärkung	Messing/Stahl	Ø 12 x 4
12	1	Futter	Sperrholz	40 x 75 x 75
13	1	Arbeitszylinder	Plexiglas	Ø 60 x 40
14	1	Platte	Alu	5 x 100 x 100
15	4	Senkschrauben	Stahl	M 3 x 12
16	12	Zylinderschraube	Stahl	M 3 x 15
17	1	Lagerbock	Plexiglas	15 x 25 x 50
18	1	Kurbelwellenlager	Plexiglas	Ø 14 x 20
19	1	Kurbelwelle	Stahl	Ø 5 x 50
20	1	Kurbelwange 1	Stahl	3 x 16 x 16
21	1	Kurbelwange 2	Stahl	3 x 20 x 20
22	1	Arbeitskolben	Plexiglas	Ø 32 x 30
23	2	Distanzhülse	Stahl	Ø 5 x 5
24	2	Kurbelschraube	Stahl	M 3 x 10
25	1	Führung	Messing	Ø 8 x 25
26	1	Scheibe	Messing	3 x 10
27	1	Kolbenbolzen	Messing	Ø 12 x 20
28	1	Klemmschraube	Stahl	M 4 x 10
29	1	Arbeitspleuel	PC	4 x 15 x 55
30	1	Verdrängerpleuel	PC	4 x 15 x 30

Stückliste für Stirlingmotor SM 32-2 – Teil 2

Pos.	Stück	Benennung	Werkstoff	Maße in mm
31	1	Gabelstück	PC	6 x 6 x 15
32	1	Bolzen	Stahl	Ø 2 x 7
33	1	Schraube	Stahl	M 2 x 5
34	1	Schwungrad	Plexiglas	12 x 110 x 110
35	12	Gewichte	Stahl	Ø 10 x 12
36	1	Klemmschraube	Messing	M 3 x 12
37	1	Kolbenstange	Stahl	Ø 3 x 95
38	2	Schraube	PC	M 4 x 8
39	4	Kugellager		Ø 9 x 5 x 3

Zeichnungen SM 32-2

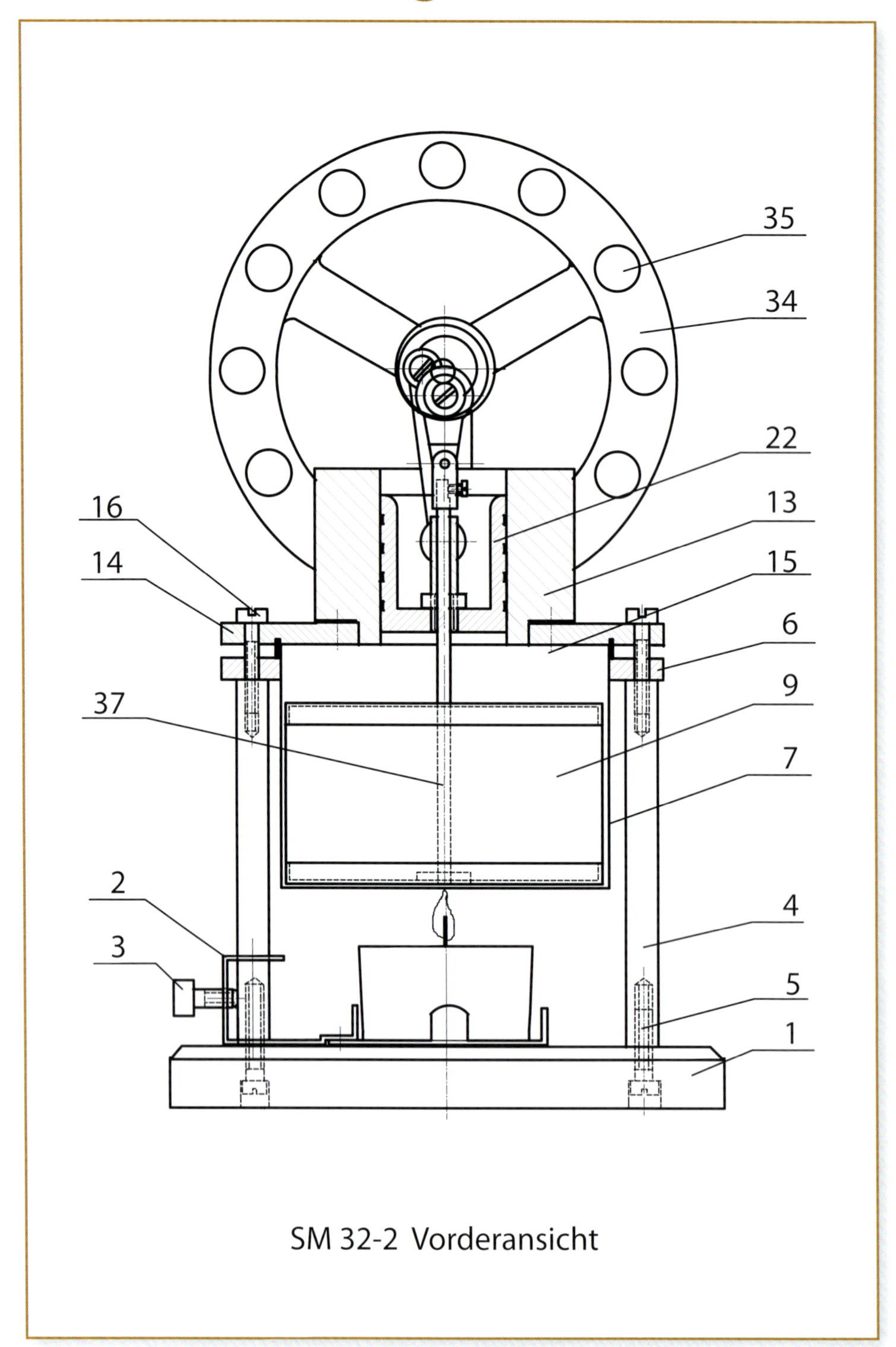

SM 32-2 Vorderansicht

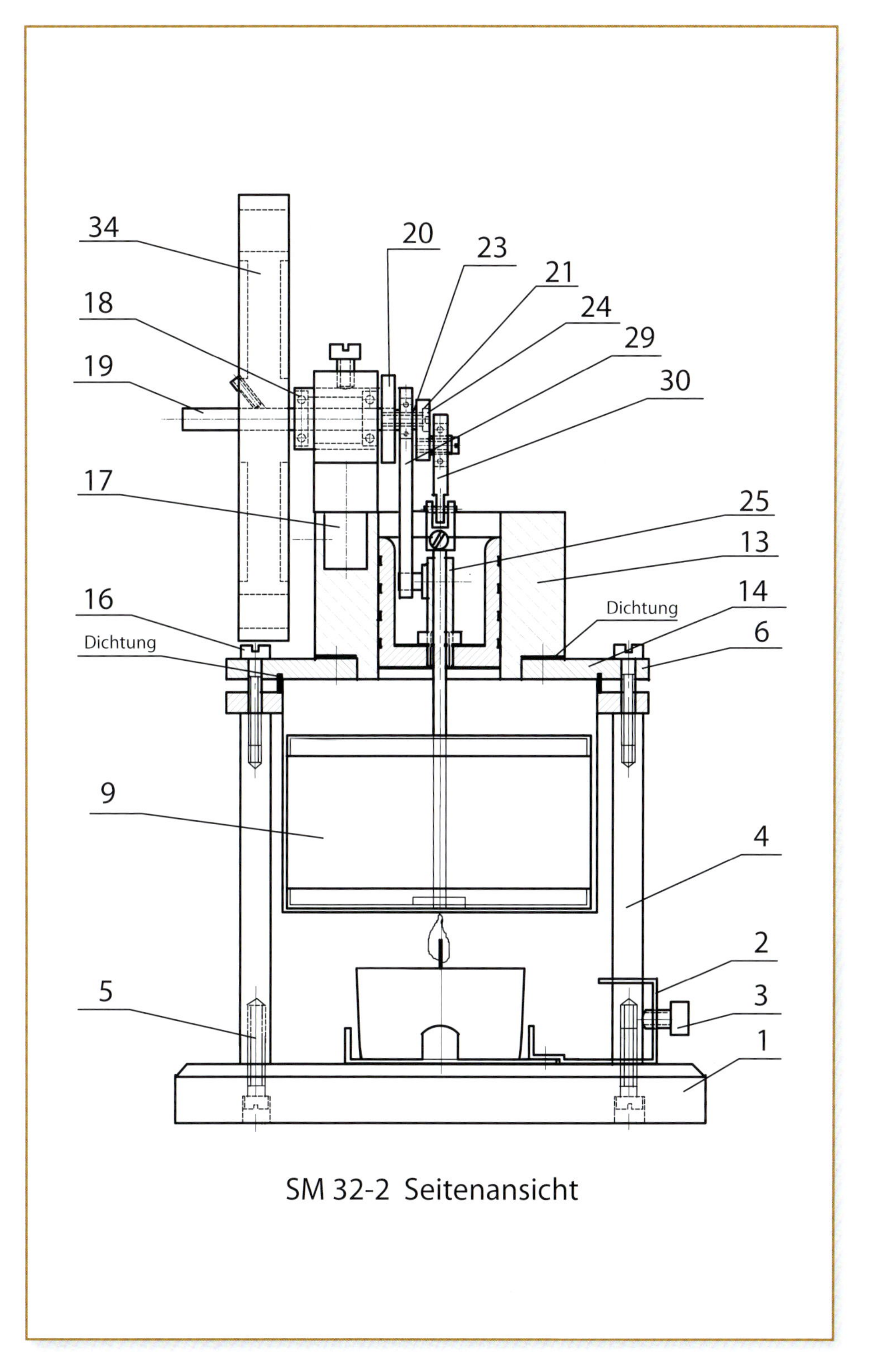

SM 32-2 Seitenansicht

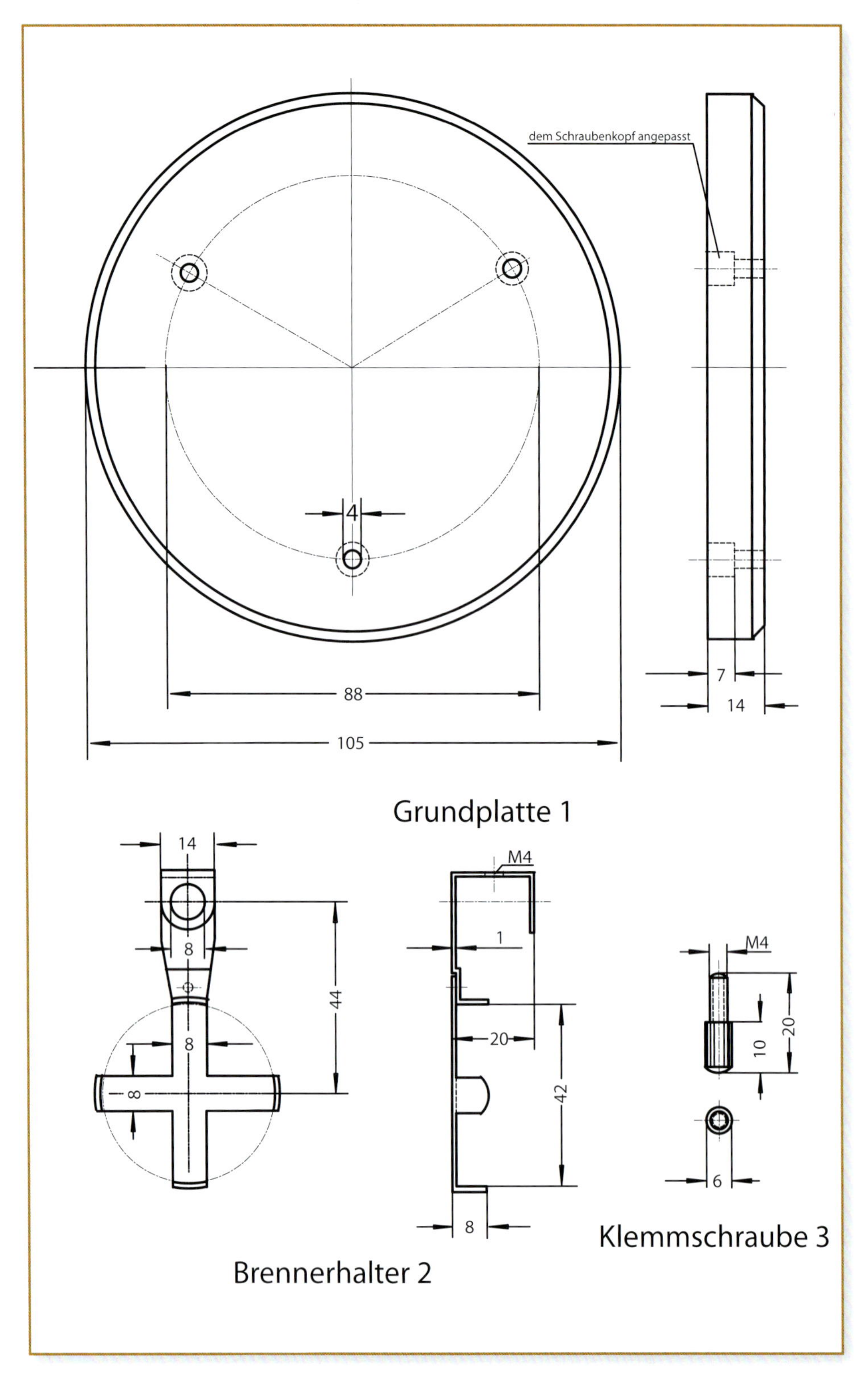
dem Schraubenkopf angepasst
4
88
105
7
14
Grundplatte 1
14
8
8
8
44
M4
1
20
42
8
Brennerhalter 2
M4
10
20
6
Klemmschraube 3

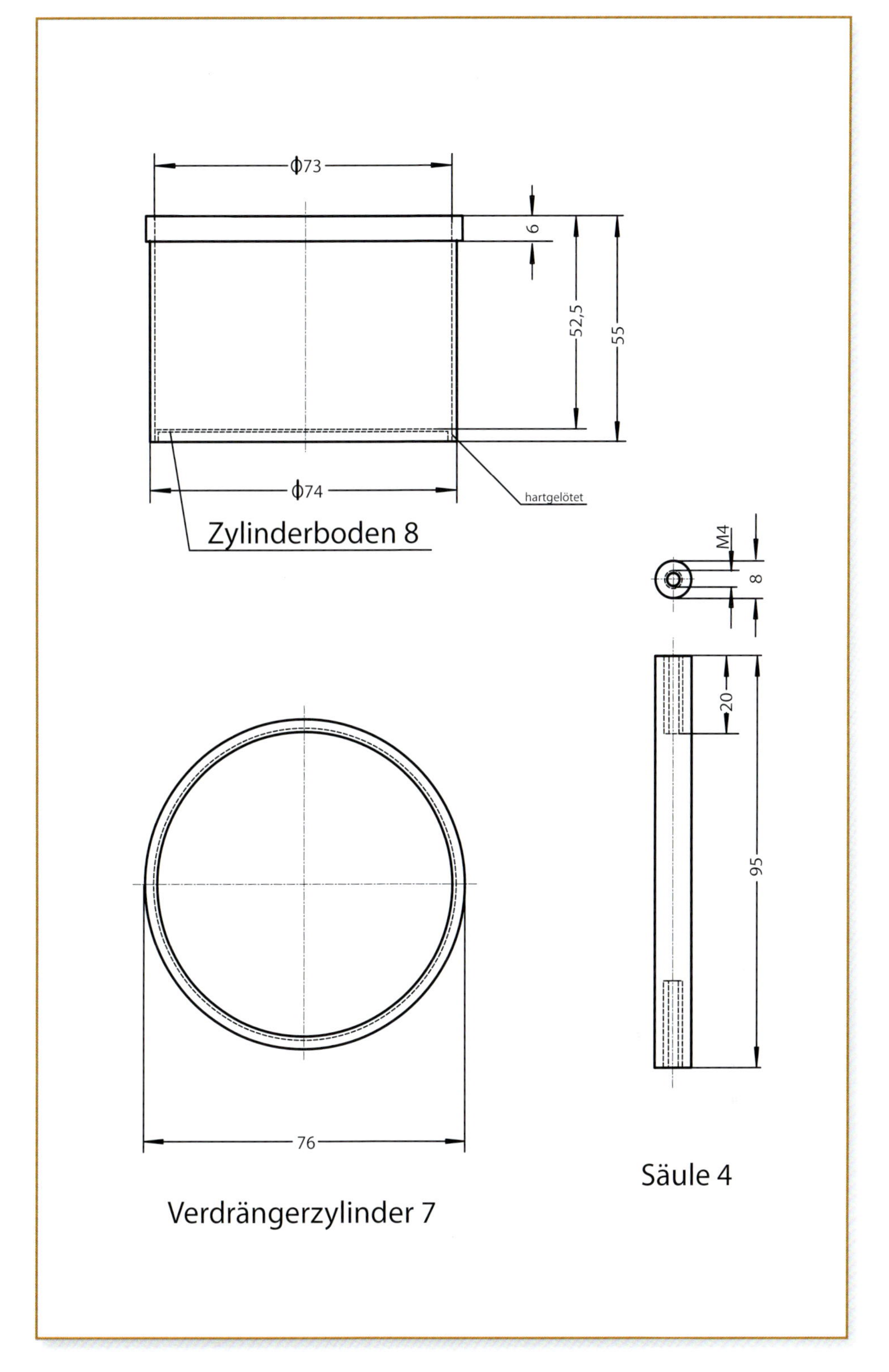
ϕ73
6
52,5
55
ϕ74
hartgelötet
Zylinderboden 8
M4
8
20
95
76
Säule 4
Verdrängerzylinder 7

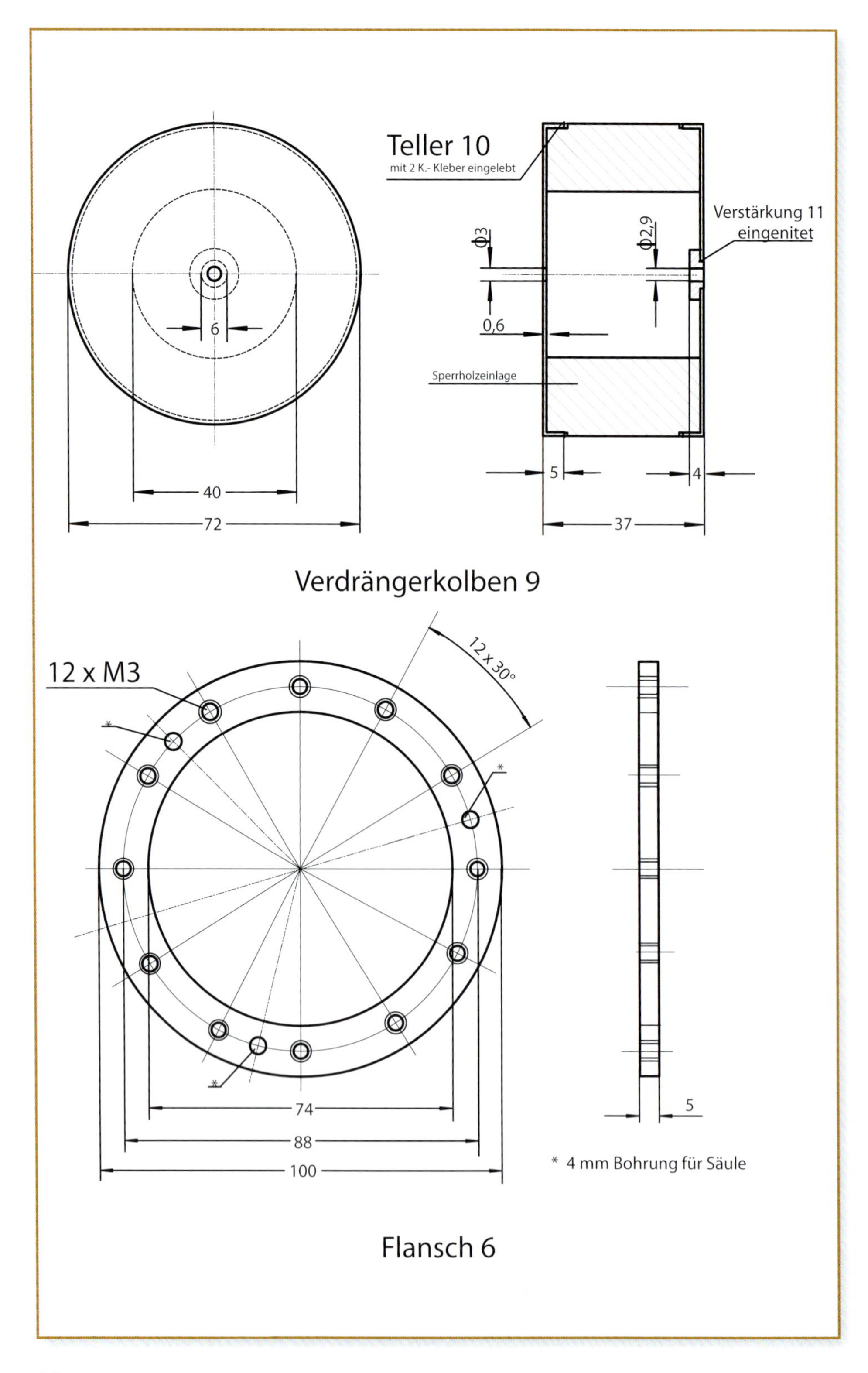
Teller 10
mit 2 K.- Kleber eingelebt
Verstärkung 11
eingenitet
Φ3
Φ2,9
0,6
6
Sperrholzeinlage
40
72
5
4
37
Verdrängerkolben 9
12 x M3
12 x 30°
*
74
88
100
5
* 4 mm Bohrung für Säule
Flansch 6

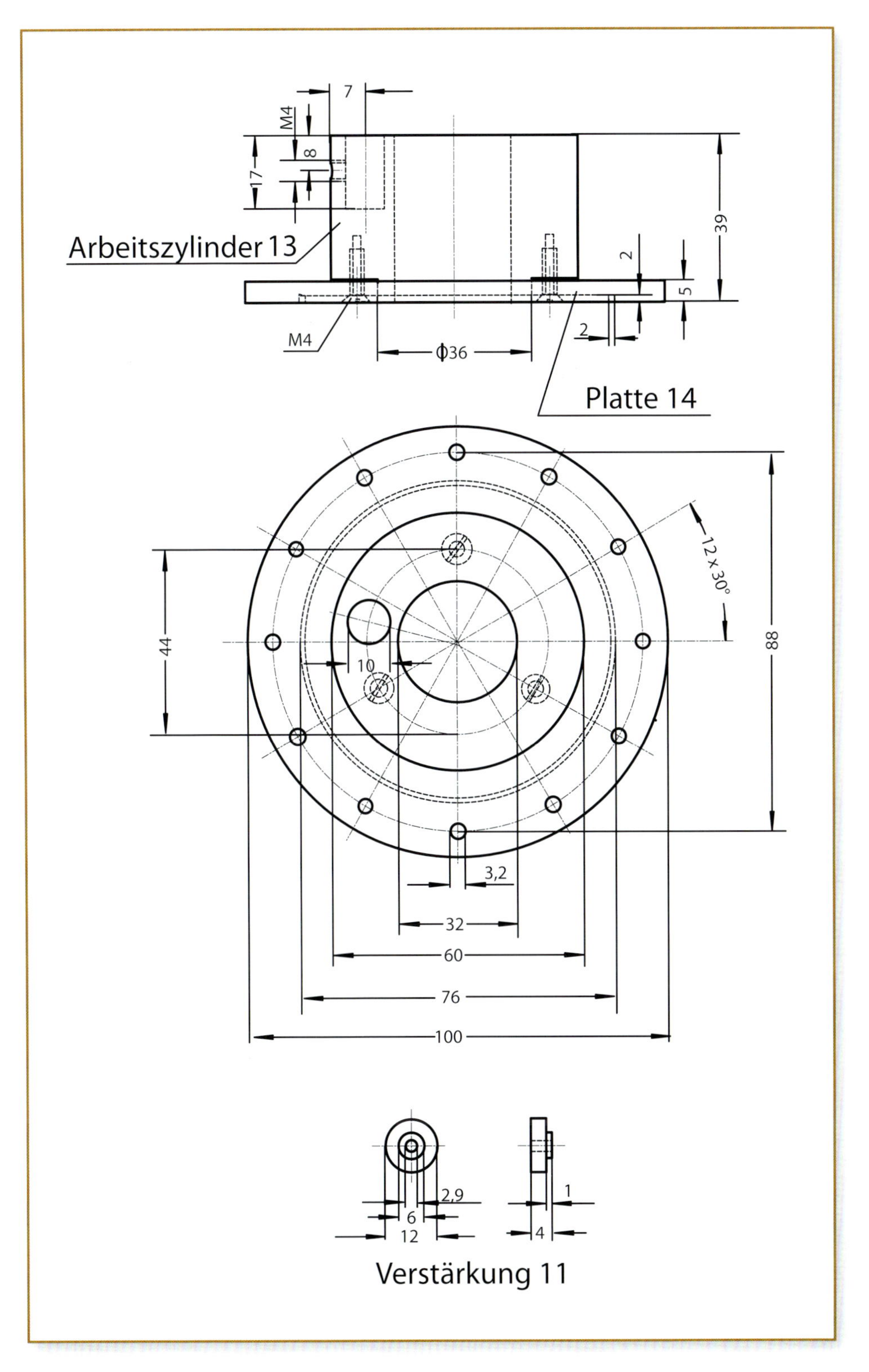
7
M4
8
17
39
Arbeitszylinder 13
2
5
M4
2
ϕ36
Platte 14
12 x 30°
44
88
10
3,2
32
60
76
100
2,9
6
12
1
4
Verstärkung 11

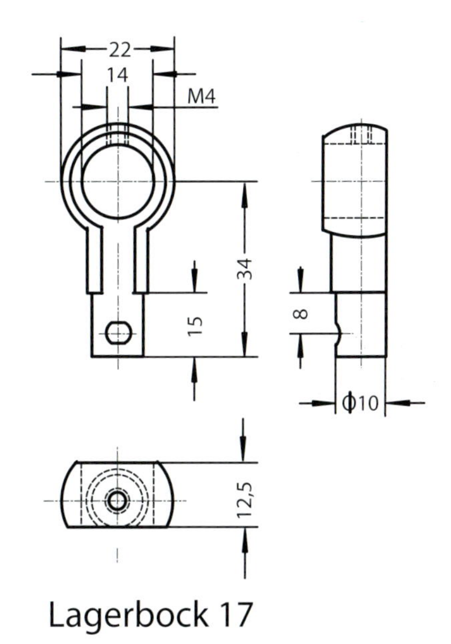

Lagerbock 17

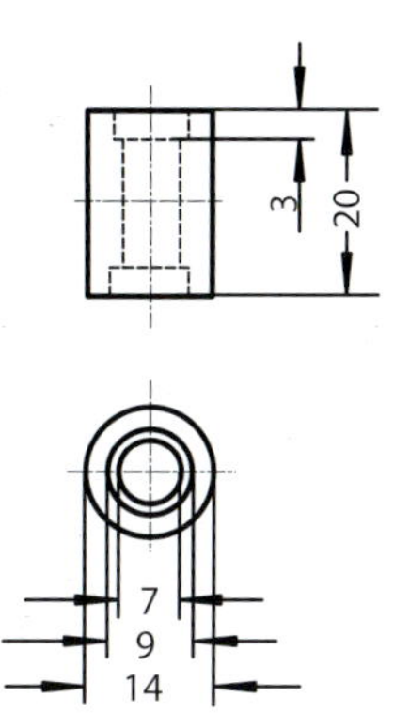

Kurbelwellenlager 18

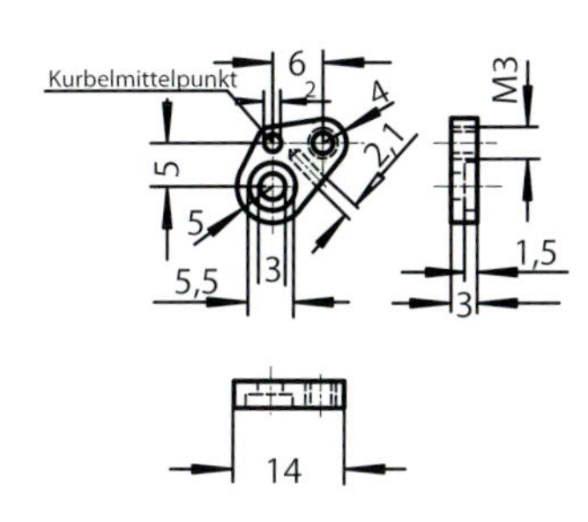

2. Kurbelwange 21

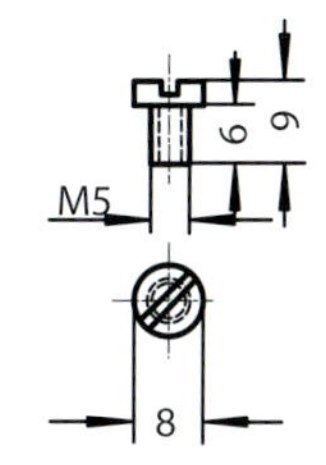

Schraube 38

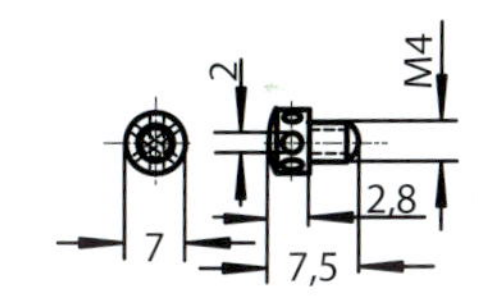

Klemmschraube 28

(im Arbeitskolben)

Motoroberteil

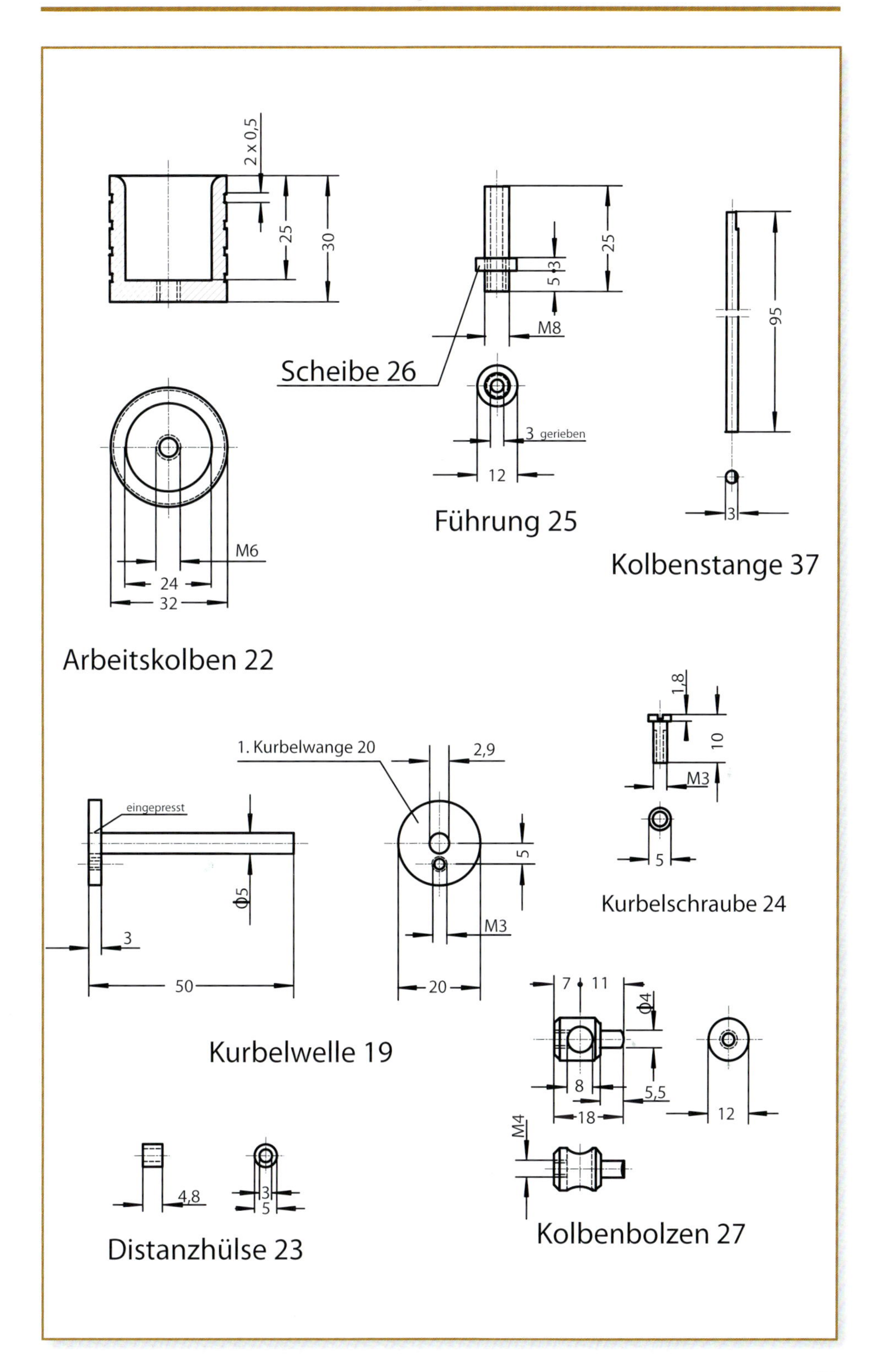
2 x 0,5
25
30
24
32
M6
Arbeitskolben 22
25
5
3
M8
Scheibe 26
3 gerieben
12
Führung 25
95
3
Kolbenstange 37
1,8
10
M3
5
Kurbelschraube 24
1. Kurbelwange 20
2,9
eingepresst
Φ5
3
50
5
M3
20
Kurbelwelle 19
7
11
Φ4
8
5,5
18
12
M4
Kolbenbolzen 27
4,8
3
5
Distanzhülse 23

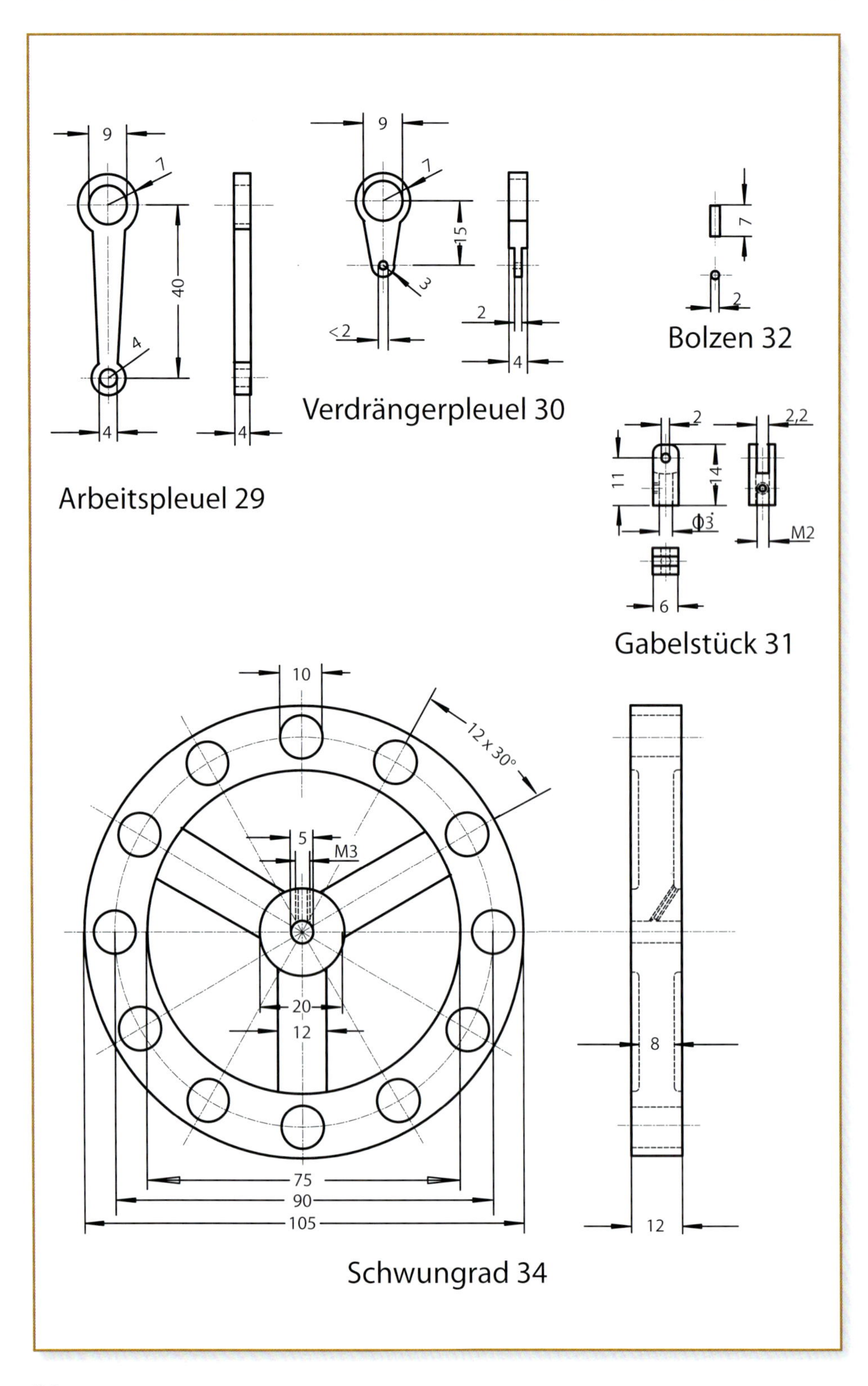
9
7
40
4
4
4
Arbeitspleuel 29
9
7
15
3
<2
2
4
Verdrängerpleuel 30
7
2
Bolzen 32
2
2,2
11
14
Φ3
M2
6
Gabelstück 31
10
12 x 30°
5
M3
20
12
75
90
105
8
12
Schwungrad 34

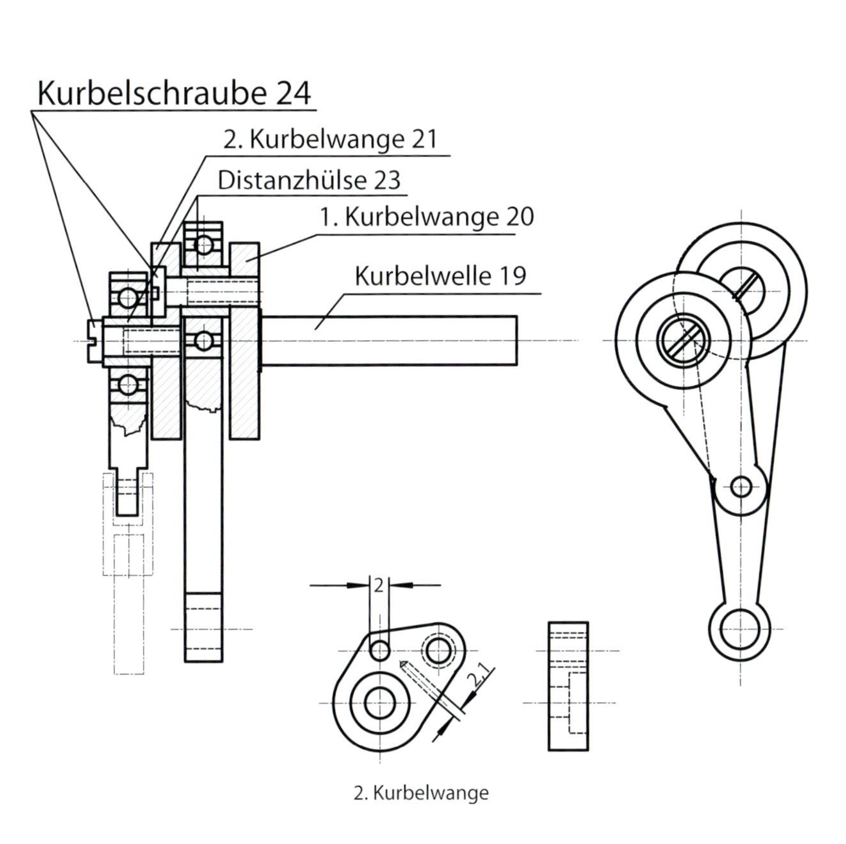

2. Kurbelwange

Die Montage der Kurbelwelle sollte sehr sorgfältig erfolgen, da andernfalls Schwergängigkeit auftritt. Die 2-mm-Bohrung muss mittig zur Kurbelwellenachse eingestellt werden.
In die 2,1-mm-Bohrung kann ein Stahlstift gesteckt werden, der beim Anziehen der Kurbelschraube ein Verdrehen verhindert.
In den Pleuelstangen sollten möglichst keine mehrreihigen Kugellager verwendet werden, das könnte zu Verspannungen führen. Im Zweifelsfall ist es besser, ohne Kugellager zu arbeiten, da die Gleiteigenschaften von blankem Stahl in Plexiglas sehr gut sind.

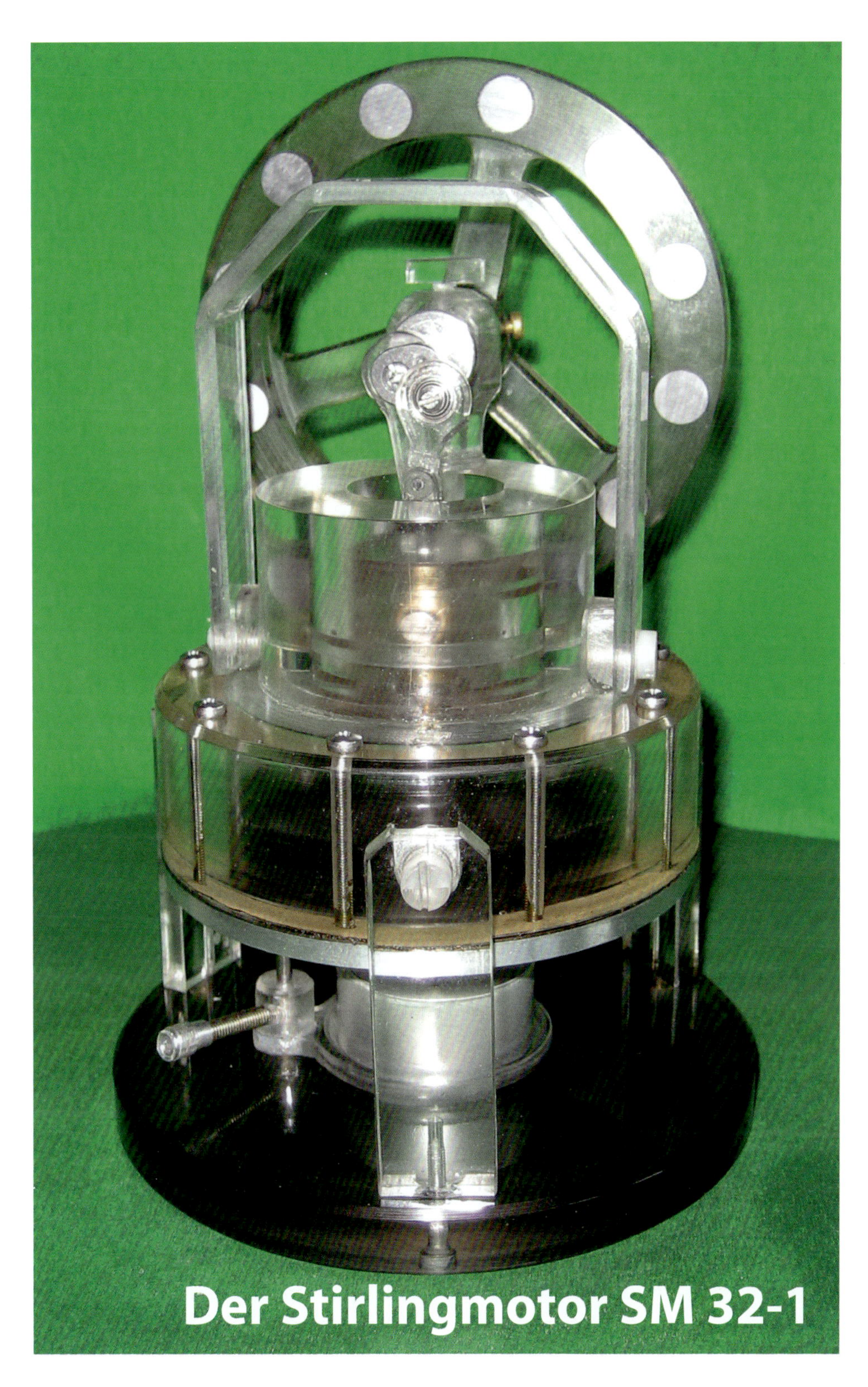

Der Stirlingmotor SM 32-1

Der Stirlingmotor SM 32-1

Technische Daten:

Arbeitskolben Durchmesser:	28 mm
Arbeitskolben Hub:	10 mm
Arbeitsvolumen:	6,15 cm^3
Verdränger Durchmesser:	75 mm
Verdrängerkolben Hub:	12 mm
Verdrängervolumen:	57,5 cm^3

Nachdem die Erfahrung mit dem Plexiglasmotor SM 30 so positiv ausgefallen war, lag der Gedanke nahe, einen Motor mit kleineren Abmessungen herzustellen.

Mit relativ wenig Aufwand ist der Zylinderkörper aus Plexiglas zu fertigen, da Verdränger- und Arbeitszylinder aus einem Stück bestehen und lediglich der Verdrängerboden angeschraubt werden muss. Mit dem gewählten Durchmesser habe ich mich nach einem vorhandenen 60-mm-Plexiglasrundling gerichtet. Der Arbeitskolben wurde auch aus dem Vollen gedreht. Nach unten wird der Verdrängerzylinder durch ein 0,5 mm dünnes Stück Edelstahlblech abgeschlossen. Dieses Material stammt von einer Metallsammelstelle, wo es an ausrangierten Spülen oder Waschmaschinen zu finden ist. Thermisch war dieser Motor nicht so unproblematisch wie der SM 30. Wird z. B. zu lange und zu stark beheizt, kann sich die Dichtfläche des Verdrängerzylinders verformen, was durch zu festes Anziehen der M3-Flanschschrauben noch begünstigt wird.

Das Plexiglas-Schwungrad ist mit den 12 Stahleinlagen schwer genug, um den Motor über die Totpunkte zu bringen. Bei dem Mustermotor waren die Gewichte vor dem Einkleben mit Sekundenkleber exakt auf Länge gedreht, aber bem Einkleben blieben die Oberflächen nicht sauber, so dass das ganze Schwungrad noch mal überdreht werden musste.

Montage

Zuerst werden die drei **Ständer 6** auf die **Grundplatte 1** geschraubt. Die sechs Millimeter breiten Ausfräsungen verhindern, dass sich die Ständer verdrehen. Als Nächstes können die **Zapfen 9** in den **Grundkörper 8** geklebt werden. In den Grundkörper werden außerdem der Verdrängerkolben und der komplette Arbeitskolben gesteckt, und der Verdrängerzylinder wird von unten mit dem **Boden 13** abgeschlossen. Jetzt kann der komplette Grundkörper auf die Ständer gestellt und verschraubt werden. An dem so stehenden Motor können nun der **Lagerbock 15** und der Kurbeltrieb angebracht werden. Der auf dem Foto sichtbare Bügel ist aus Polycarbonat abgekantet und soll den Motor nur optisch etwas aufwerten.

Stückliste für Stirlingmotor SM 32 – 1 – Teil 1

Pos.	Stück	Benennung	Werkstoff	Maße in mm
1	1	Grundplatte	Plexiglas (Acrylglas)	14 x 125 x 125
2	1	Stange	Stahl	Ø 3 x 50
3	1	Brennerhalter	PC (Polycarbonat)	4 x 50 x 65
4	1	Führung	Plexiglas	Ø 10 x 14
5	1	Klemmschraube	Messing	Ø 5 x 30
6	3	Ständer	Plexiglas	6 x 20 x 65
7	3	Senkschraube	Stahl	M 3 x 20
8	1	Grundkörper	Plexiglas	Ø 100 x 65
9	3	Zapfen	Plexiglas	Ø 10 x 8
10	1	Verdrängerkolben	Plexiglas	12 x 75 x 75
11	1	Kolbenstange	Stahl	Ø 3 x 60
12	1	Flansch	Alu	5 x 100 x 100
13	1	Zylinderboden	Edelstahl	0,5 x 100 x 100
14	12	Schraube	Edelstahl	M 3 x 35
15	1	Lagerbock	Plexiglas	15 x 25 x 50
16	2	Schraube	PC (Polycarbonat)	M 4 x 6
17	1	Kurbelwellenlager	Plexiglas	Ø 14 x 20
18	2	Kugellager		Ø 9 x 5 x 3
19	1	Kurbelwelle	Stahl	Ø 5 x 50
20	1	Kurbelwange 1	Stahl	3 x 16 x 16
21	1	Kurbelwange 2	Stahl	3 x 20 x 20
22	1	Arbeitskolben	Plexiglas	Ø 28 x 30
23	2	Distanzhülse	Stahl	Ø 5 x 5
24	2	Kurbelschraube	Stahl	M 3 x 10
25	1	Führung	Messing	Ø 6 x 25
26	1	Scheibe	Messing	3 x 10
27	1	Kolbenbolzen	Messing	Ø 10 x 15
28	1	Klemmschraube	Stahl	M 4 x 6
29	1	Arbeitspleuel	PC	4 x 15 x 55
30	1	Verdrängerpleuel	PC	4 x 15 x 30
31	1	Gabelstück	Messing	Ø 6 x 15

Stückliste für Stirlingmotor SM 32 – 1 – Teil 2

Pos.	Stück	Benennung	Werkstoff	Maße in mm
32	1	Bolzen	Stahl	Ø 2 x 7
33	1	Schraube	Stahl	M 2 x 5
34	1	Schwungrad	Plexiglas	12 x 110 x 110
35	12	Gewichte	Stahl	Ø 10 x 12
36	1	Klemmschraube	Messing	M 3 x 12

Zeichnungen SM 32 – 1

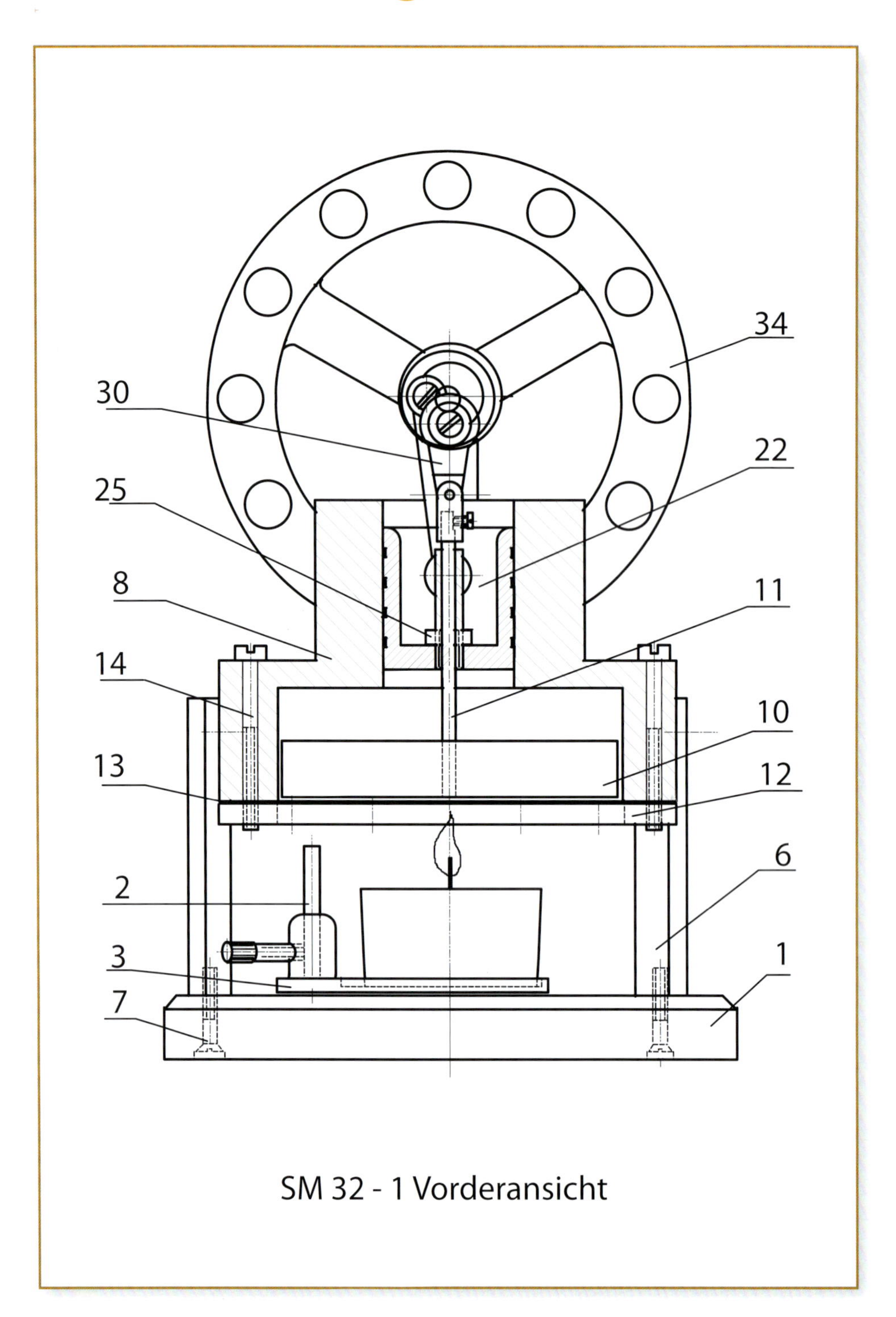

SM 32 - 1 Vorderansicht

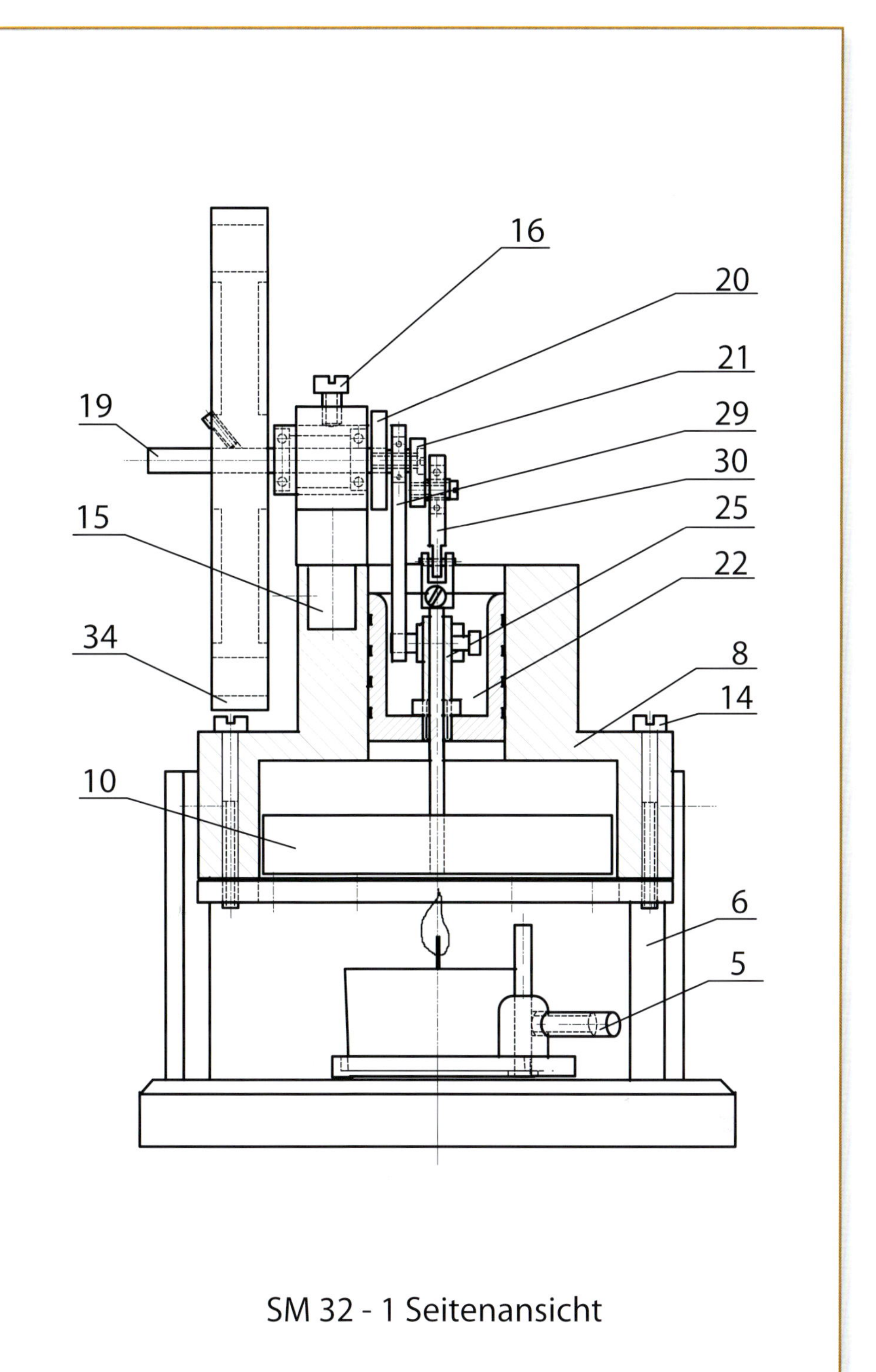

SM 32 - 1 Seitenansicht

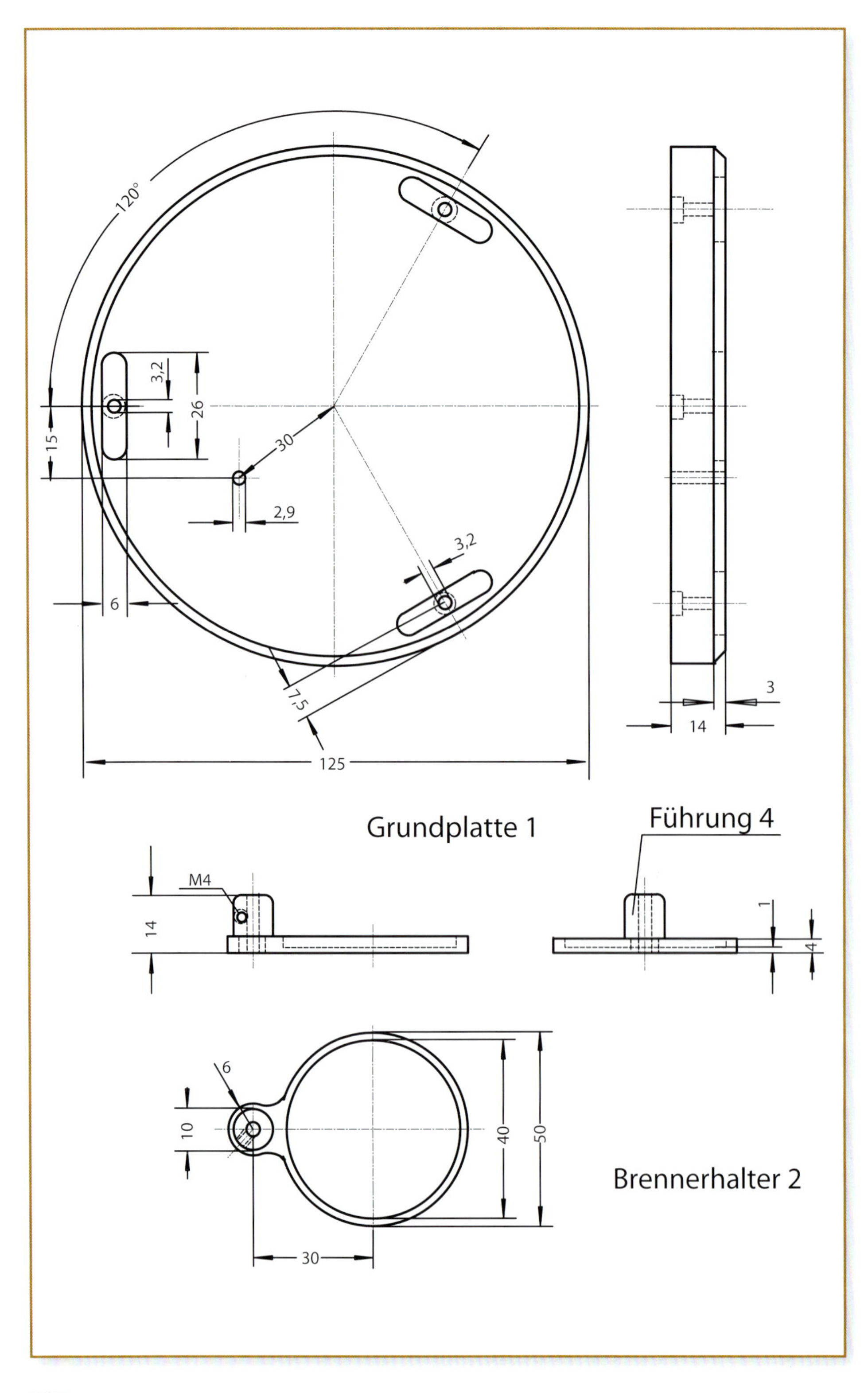
120°
3,2
26
15
30
2,9
3,2
6
7,5
125
3
14
Grundplatte 1
Führung 4
M4
14
1
4
6
10
40
50
30
Brennerhalter 2

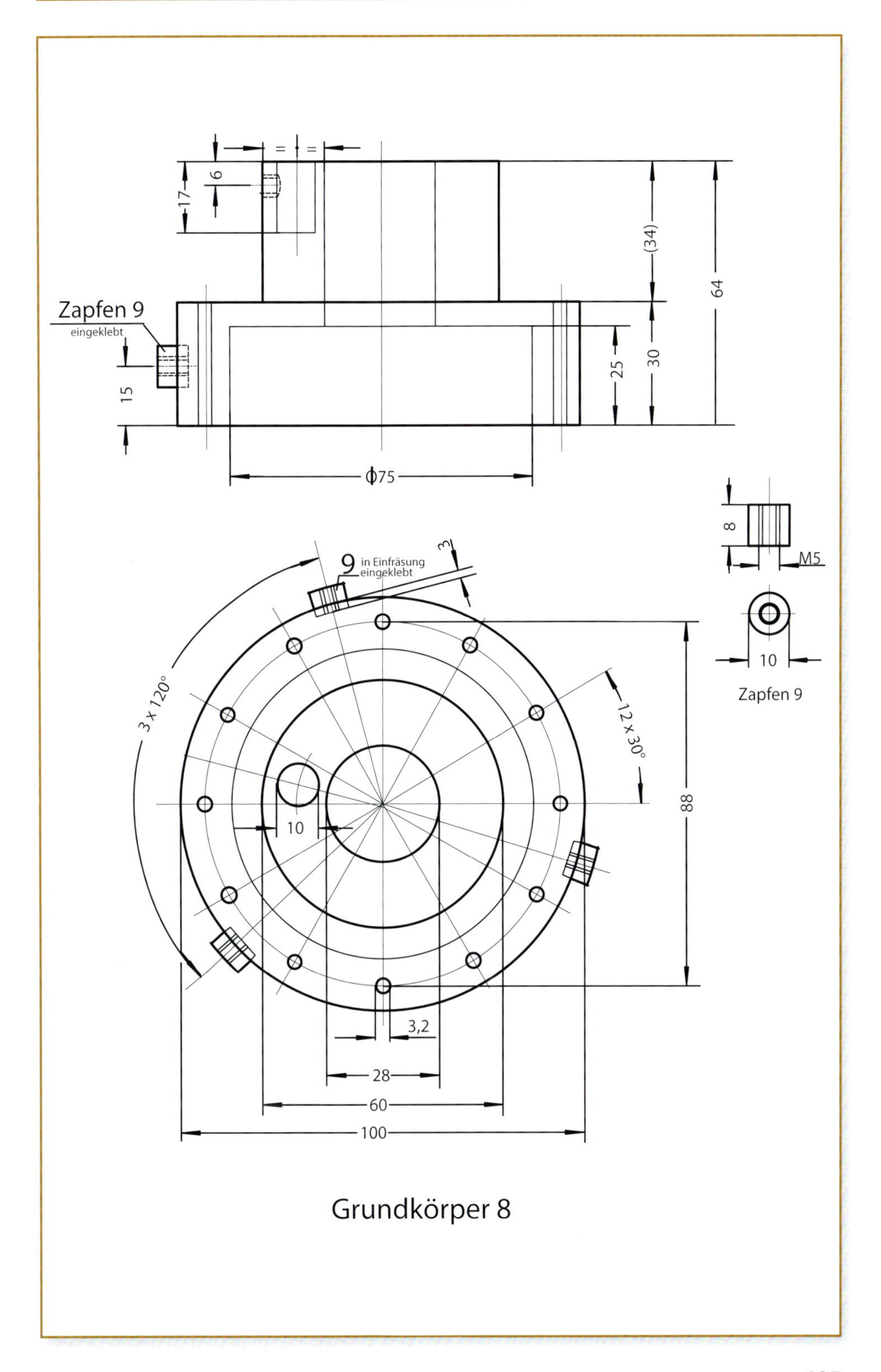

Grundkörper 8

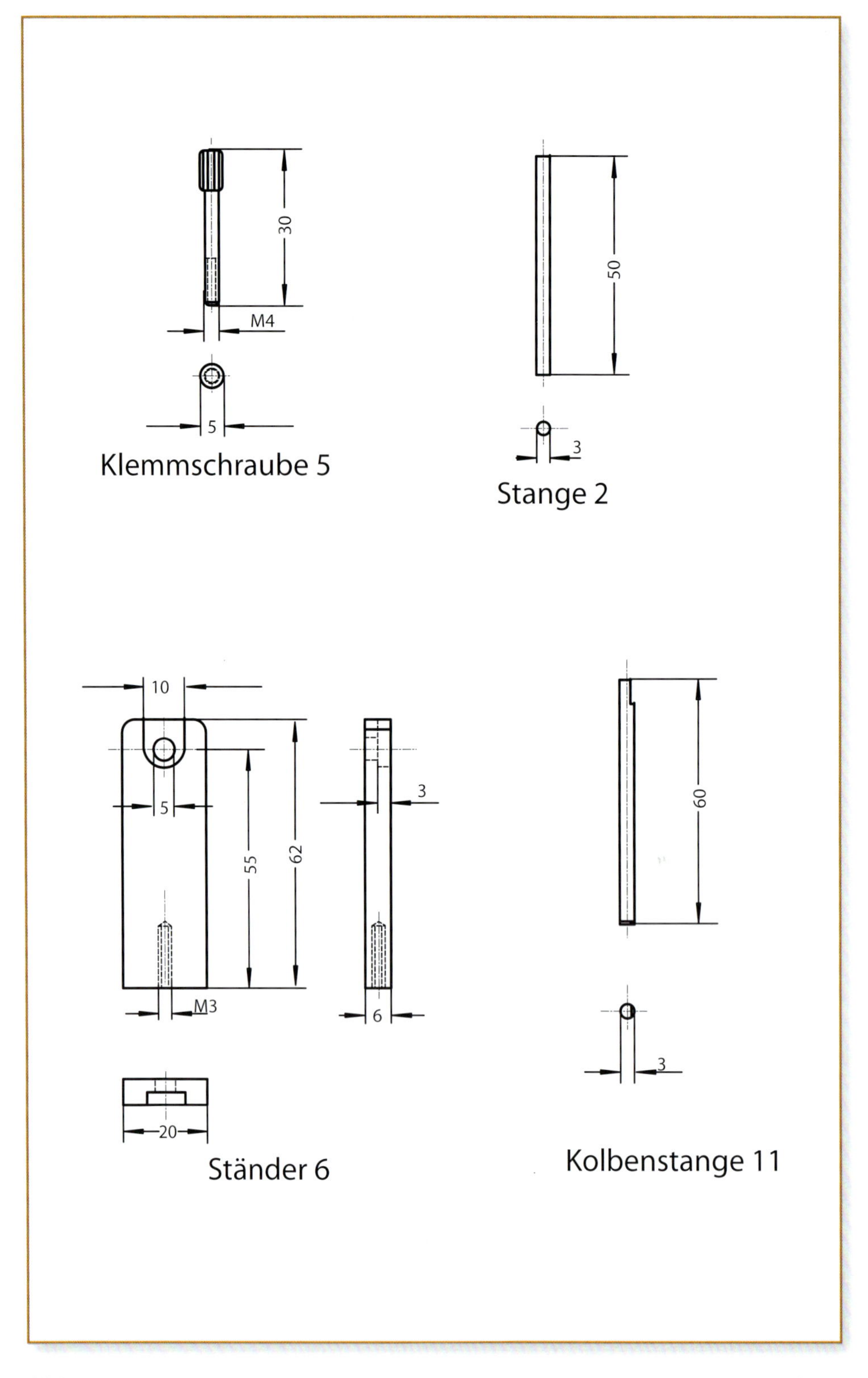
30
M4
5
Klemmschraube 5
50
3
Stange 2
10
5
55
62
3
M3
6
20
Ständer 6
60
3
Kolbenstange 11

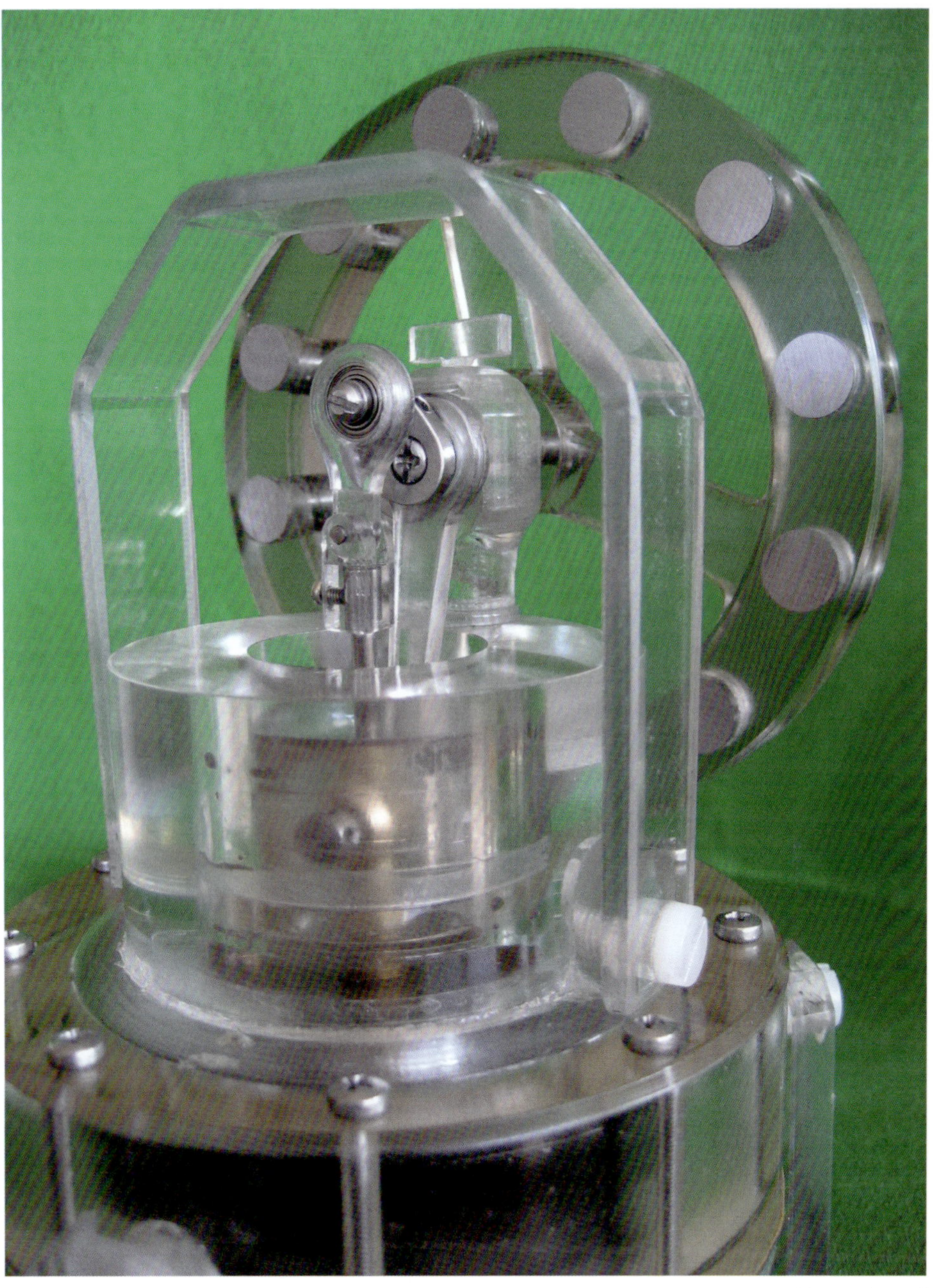

Motoroberteil

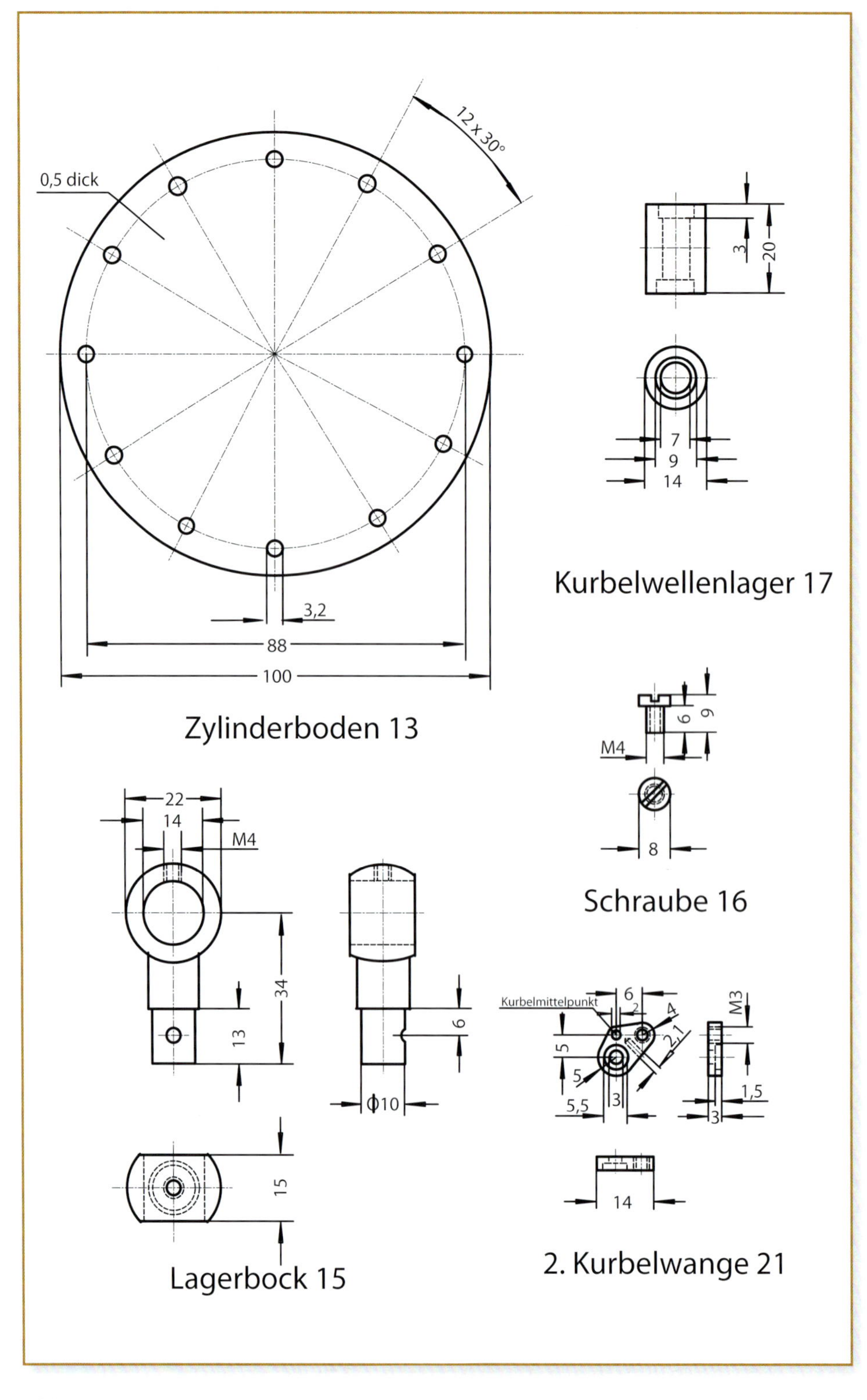
12 x 30°
0,5 dick
3,2
88
100
Zylinderboden 13
3
20
7
9
14
Kurbelwellenlager 17
6
9
M4
8
Schraube 16
22
14
M4
34
13
6
ϕ10
15
Lagerbock 15
Kurbelmittelpunkt
6
2
4
2,1
5
5
5,5
3
M3
1,5
3
14
2. Kurbelwange 21

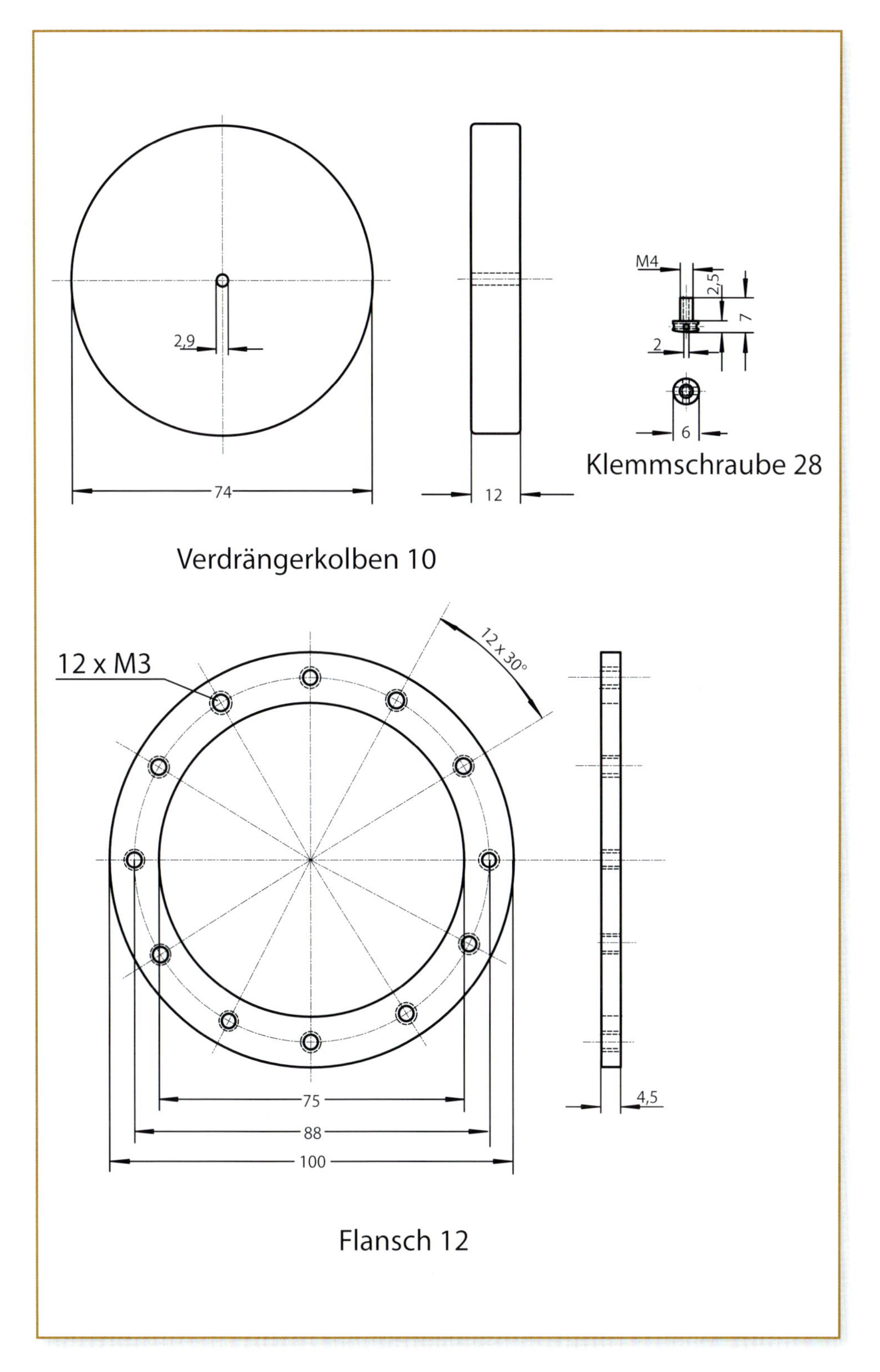
2,9
74
12
Verdrängerkolben 10
M4
2,5
7
2
6
Klemmschraube 28
12 x M3
12 x 30°
75
88
100
4,5
Flansch 12

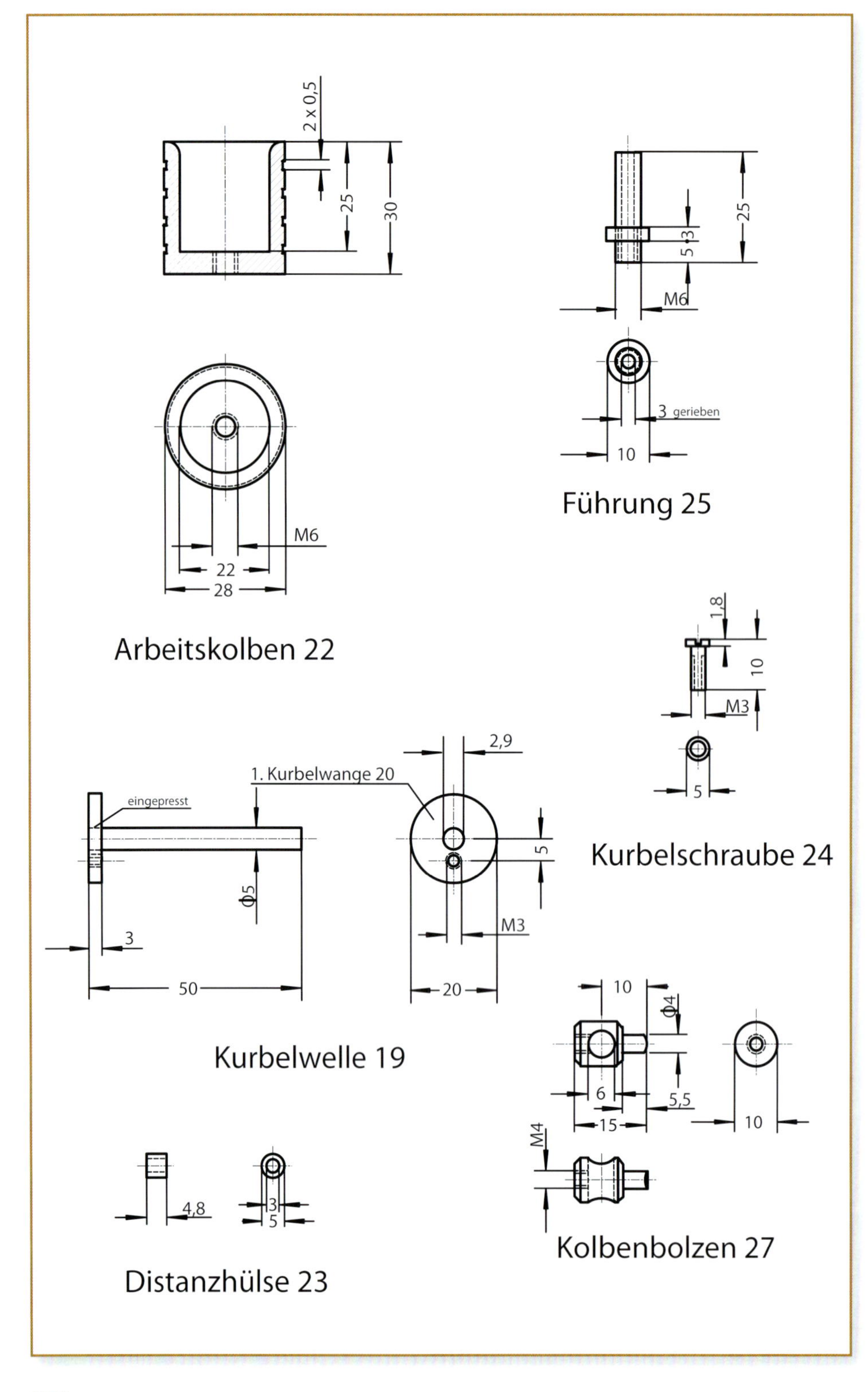
2 x 0,5
25
30
M6
22
28
Arbeitskolben 22
25
5
3
M6
3 gerieben
10
Führung 25
1,8
10
M3
5
Kurbelschraube 24
2,9
1. Kurbelwange 20
eingepresst
5
Φ5
3
50
M3
20
Kurbelwelle 19
10
Φ4
6
5,5
15
10
M4
Kolbenbolzen 27
4,8
3
5
Distanzhülse 23

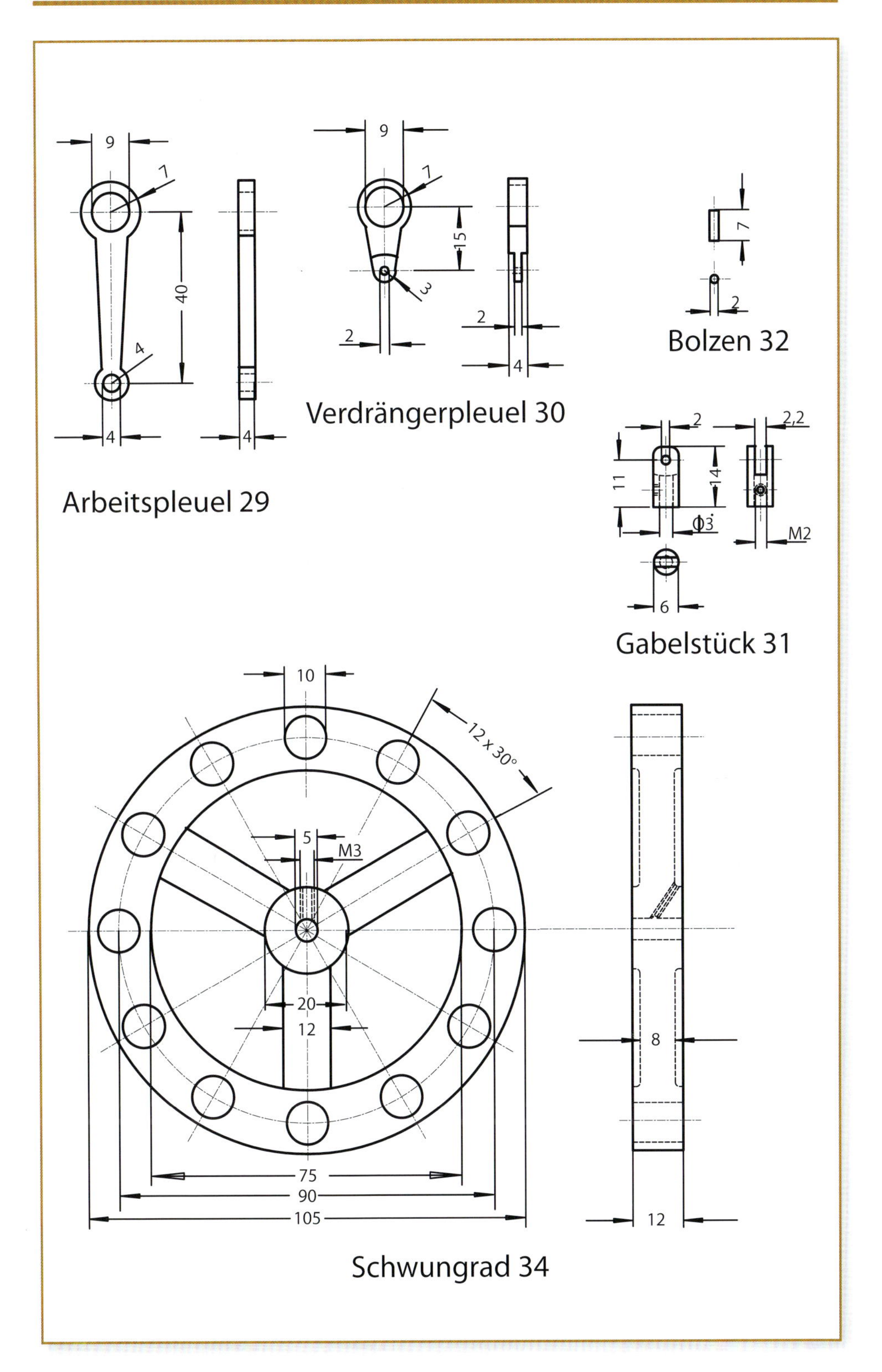
Arbeitspleuel 29
Verdrängerpleuel 30
Bolzen 32
Gabelstück 31
Schwungrad 34
12 x 30°
M3
M2
75
90
105

Schlusswort

Am Ende des Bandes sei noch einmal darauf hingewiesen, wie wichtig es ist, alle Dichtstellen auf absolute Dichtheit zu überprüfen. Hier ein Beispiel, was alles passieren kann: Der SM 29 war von Anfang an ein sehr gut laufender „starker" Motor, aber da für diesen Band noch ein Foto der Einzelteile gemacht werden sollte, wurde der Motor noch einmal zerlegt, fotografiert und wieder zusammengebaut. Danach war der Motor nicht mehr richtig zum Laufen zu bringen. Nach nur ca. 10 Umdrehungen blieb das Gerät immer wieder stehen. Beim Durchdrehen des kalten Motors war das Kompressionsmoment noch so hoch, dass ein Leck nicht sofort erkannt werden konnte ...

Da mechanisch nichts verändert worden war, konnte es sich nur um eine fehlerhafte Abdichtung handeln. Als Erstes wurden die drei Schrauben, die den Arbeitszylinder mit der Grundplatte verbinden, nachgezogen – ohne Erfolg. Dann wurde der Verdrängerzylinder demontiert und die Papierdichtung in der Grundplatte kontrolliert. Dabei stellte sich heraus, dass sich ein dünner Metallspan in das Dichtungspapier gedrückt hatte, und damit war das Leck gefunden.

Viel Freude beim Bauen und Betreiben Ihrer Stirling-Motoren wünscht Ihnen

N. Klinner